劉恭甫 創意**9**式進化版

X計畫

打造人生黃金交叉線的轉機與關鍵

想要成為人生勝利組，
不但要強化現有的能力，更要學習新的技能，
掌握了X計畫黃金交叉線的轉變與出現，不論處於哪個世代，
就等於擁有不會因時代進步而消失的競爭力！

2017年度
100MVP經理人

劉恭甫（功夫老師）————著

TO：_____

每個人都是改變未來的一份子

創造未來人生

先練創意九式

發展第二曲線

成就人生 X 計畫

劉恭甫，功夫老師與您共勉之～

CONTENTS

—————————————————— 課堂之前

為什麼是X計畫？

—————————————————— 原則 **1**

機會連結

CONTENTS

原則 **4**

逆向思考

原則 **5**

人脈合作

CONTENTS

推薦序
靠X計畫讓人生更精采

城邦媒體集團首席執行長／何飛鵬

四十歲開始轉業，不到十年的時間，功夫老師從一個工業設計師、產品經理等領域，逐步成為一名專為各大小企業找出創新力的專業講師，今天只要在Google打出「創新講師」，呈現出的第一行資料就是功夫老師的部落格。

然而，他目前擁有的這一些資源和成果，並不是憑空得來，而是預先做了準備和規畫。今天他憑藉自己一路來的經驗和跌跌撞撞，領悟並歸納出「X計畫：打造人生黃金交叉線的轉機與關鍵」一書，希望讀者能在最短的時間找到天賦才能，擁有更具競爭力的未來。

我相信憑著書中的各種圖表工具以及功夫老師獨創的「創意九式」，各位在規畫自己的未來人生時，會更能找到最正確的方向與機會。

推薦語
許景泰×張國洋×姚詩豪

創意，需要的不只是執行力，更多是「想像力」與「深度認知能力」。功夫老師，在這本書提出了一套極富啟發的「創意思考方法論」，值得你細細品讀，絕對會讓你創意思考上大有啟發！

—— SmartM 世紀智庫執行長　許景泰

人生不是等面對問題才開始思考，而是思考後徹底規避問題。恭甫老師這本書將給你一個思維框架，讓你徹底避開問題，而走入持續的上升階段。

—— 大人學及 ProjectUP 知識平台聯合創辦人　張國洋

擅長創意思考的功夫老師，這次要以自身的經驗，帶領你找到人生的天賦與熱情！

—— 「大人學」共同創辦人　姚詩豪

自序
從解決企業問題
到解決人生問題

多年來，我在兩岸超過兩百家知名企業，針對超過四萬名中高階主管以及企業菁英講授「創新思考」的實務課程，幫助企業建立創新文化與學習創新思維，為了讓學員有效學會創新思維，我以設計思考為基礎，設計了一套簡單上手的方法，將九個口訣當成起點，經過多年的逐步完善，最後發展成九個系統性的方法，可以快速找到靈感，幫助企業解決商業問題，叫做「創意九式」，這套快速簡單易學的方法深受學員的喜愛，在台灣與中國獲得了專利，也榮獲《商業周刊》《經理人月刊》等媒體專文報導。

許多人問我為什麼是九個，而不是五個或十個？很簡單，因為我對「九」這個數字特別有感覺，中國人對「九」這個數字也代表圓滿的意義，我在「生命密碼」中也是屬於「九」號人，所以我決定以「九」為主調。從

X計畫
打造人生黃金交叉線的轉機與關鍵

「加、減、乘、除、等於」等五個朗朗上口的數學口訣開始設計技巧面的方法，再加上「眼、口、小、框」等四個口訣設計心態面的方法，形成一套創意的「思考架構」。

◆ **加，「組合」技巧**：運用增加或合併新功能的方式產生創意。

◆ **減，「消除」技巧**：以移除或省略功能的方式產生創意。

◆ **乘，「改變」技巧**：運用改變傳統的方式產生創意。

◆ **除，「反向」技巧**：運用刻意相反的方式產生創意。

◆ **等於，「借用」技巧**：以向別人借創意的方式產生創意。

◆ **眼，「觀察」技巧**：運用深入觀察產生洞見的方式產生創意。

◆ **口，「問問題」技巧**：以不斷問問題的方式產生創意。

◆ **小，「兒童」技巧**：運用如小孩般嘗試或摸索的方式產生創意。

◆ **框，「打破框框」技巧**：運用打破規則的方式產生創意。

　　「創意九式」在我的第一本著作《不懂這些，別想加

薪》中，我告訴大家如何應用在職場上升職加薪，在我的第二本著作《左思右想》中，我將「創意九式」設計成桌遊邊玩邊學，成為亞洲第一套商業管理桌遊套書組。

　　有一次，我以「創意九式」為主軸設計了一場「創新工作坊」，那次工作坊讓我印象非常深刻，總共十六組的創新提案當中，有三組運用了「創意九式」設計自己的人生藍圖，獲得現場高階主管以及評審的一致青睞，而我也深受啟發，開啟了我對「如何將創意九式運用在人生規畫」的設計與思考，於是我結合了關於「設計思考解決企業問題」的研究，再加上史丹佛大學以設計思考為主軸的生涯規畫課概念，並輔以我在企業內訓的設計思考課程的經驗，彙整成為這本著作。

　　我跟很多人一樣，喜歡挑戰，二〇一七年十一月，我完成了單車環島九天八夜的挑戰，能夠與全台灣十二所學校共一百二十位 EMBA 學長姐共同騎行，相互扶持、鼓勵打氣，對我而言更是意義非凡。為了這次環島，三個月前我便開始進行練習，過程當中除了增進騎行的技巧，我更享受在騎行過程當中能夠不斷自我對話的時刻。

　　我相信很多人跟我一樣，騎自行車的時候很喜歡下坡衝刺的速度感，幾乎不用花任何力氣就可以騎行一大段距離，但是輕鬆騎到波段低點的時候，痛苦就來了，因為你

X計畫
打造人生黃金交叉線的轉機與關鍵

會面臨上坡，需要花很大的力氣才能夠騎到高點。想要享受坡段高點的美麗風景，過程中更需要考驗自己的耐力與體力，隨著騎自行車的時候不斷遇到上坡下坡，我開始體會到一件事，人生不就像是騎自行車一樣，需要不斷上坡下坡嗎？人生在走下坡的時候，其實就是你感覺最輕鬆的時刻，相反地，人生在走上坡的時候，你需要非常努力但是卻有機會換來最美的風景。

人生就像騎車，不會只有輕鬆下坡，也需要努力上坡，因此，在上下坡交錯的過程中，我悟出了「X計畫」。

我以自己獨創的「創意九式」為基礎，透過一篇篇的親身故事與失敗經驗的自省，結合自己二十多年來跑過三十多個國家的海內外工作經驗，加上兩岸創業與職業講師生涯的觀察與學習，以及自己對於人生與職涯的觀點，設計了發展人生第二條線的九個原則，期望能為一同在人生路上奮鬥的你提供一點啟發，讓你的人生少走冤枉路，幫助你找到自己的生命密碼。

這是我的第三本著作，我結合「X計畫」與「創意九式」，在這本書中，我要告訴大家如何應用在創造自己未來的人生，也就是打造未來的九個方法。如此持續練習運用創造性思考的技巧，讓它成為人生的態度與習慣，創造我們的新人生。

二○一七年，我受頒《經理人月刊》二○一七年度「100MVP 經理人」，我在頒獎台上充滿感恩，發表了一分鐘的得獎感言：

感謝何社長與經理人月刊的肯定，感謝老婆與家人朋友到現場支持，我是創新智庫劉恭甫，去年底我許下了兩個夢想，公益與三鐵。

第一個夢想是公益，在台灣這片土地上，我們 10×10 公益團隊是台灣第一個用桌遊環島創新台灣教育的公益團隊，台灣的未來需要我們所有經理人一起「創意」「創異」「創益」：創造新意、創造差異、創造公益。

第二個夢想是三鐵，我也用一年的時間完成人生大三鐵：潛水、戈壁、單車環島。就在今天，我完成了去年底許下的兩個夢想，謝謝經理人月刊，謝謝大家！

除了自己不斷尋找能夠發揮所長的舞台，我更鼓勵兩個孩子找到自己喜歡做的事並全心投入。

女兒讓我印象最深刻就是在國中的時候主動報名志工，中午休息時間幫忙進行環境整潔與打掃，直到學校頒給女兒志工獎章之後，我們才發現她對社工服務有很大的熱誠，於是國中畢業後攻讀護理專科學校，現在正全力準

備護理師考試,很開心看見女兒找到最喜歡的事並全心投入。

就在上個月,兒子國中班上才藝表演「羅密歐與梁山伯」,在十九個競賽隊伍中勇奪冠軍!在舞台劇中,兒子擔綱主角之一跳了三段舞蹈,我覺得表演得超棒,而這個超棒的背後是好幾個晚上在家裡不斷練習舞步,從舞步生硬一直覺得自己不會跳舞到慢慢上手建立自信。我發現兒子開始喜歡跳舞,我很鼓勵他、不斷稱讚他,他開始享受當主角的感覺,也從中發現樂趣。我常常告訴自己,也告訴兩個孩子:「人生最重要的事就是選擇做自己喜歡的事,成為自己想成為的人,並在過程中享受樂趣。」

有一天晚上兒子國文作文作業的其中一段令我深受感動:「做任何事,就像在做核心肌群的訓練,唯有堅持,不鬆懈,才可完成訓練,許多人都是這樣的,不斷的、心無旁騖的去完成夢想,才有出人頭地的一天。夢想及幻想,只有一字之差,而那差別就在於,你有沒有具備足夠的堅持與韌性。」

上帝賦予了每個人一項天賦,你要做的,就是找到它。希望本書的讀者,在你的人生當中找到自己喜歡做的那件事,並全心投入享受樂趣。

課堂之前

為什麼是
X計畫？

在你的人生當中，
你現在擁有一個技能，
但是隨著時間的演進，
這個技能會逐漸的被時代淘汰，
我們應該要開始培養第二個技能，
這個技能可以讓我們在
第一個技能逐漸往下的同時，
通過第二個技能的培養
往上形成黃金交叉。

X計畫的
兩條線與交叉點

X計畫，就是人生中的兩條線，也分別代表我們人生中的兩條軌跡：A 路線與 B 路線。

培養不被取代的能耐

第一條線，也就是 A 路線，是指你現在正在做的事，

是你目前的能力。第一條線往下走，代表隨著時代的變化與時間的演進，這個能力可能會逐漸的被淘汰。

根據美國勞工部調查，目前在學學生畢業後，有百分之六十五要做的是現在還不存在的工作。勞動人口中，有相當大比例的工作在二十年前根本不存在。

就算工作性質沒有改變，也很有可能未來需要使用到的科技與能力是現在想像不到的，例如手機平板的程式設計師與體驗介面設計師或是社群經理。十年前我們無法想像這是什麼工作，所以十年之後，我們可能也在從事現在無法想像的新工作。

你現在看新聞的方式跟過去十年是不一樣的，你現在聽音樂的方式也跟過去十年是不一樣的，二〇〇四年創立的 Facebook、二〇〇五年的 Youtube、二〇〇七年的 iPhone、二〇一〇年的 iPad，都是近十年才出現，並且不到十年就完全改變了全世界的運作模式，因為這些改變，讓許多的行為與工作模式都以極快的速度發生變化。

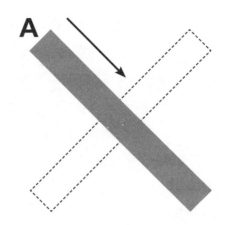

何時你的第一條線，也就是 A 路線會開始往下走？

1. 你沒有意識到自己的能力正在被取代。

你使用現在想像得到的能力處理工作，沒有意識到你的工作正在被新科技、新能力，甚至被地球上另外一個國家或一群人而取代。

2. 你每天都在做一樣的事。

你已經在這個位置上做了一段時間，卻發現跟你剛進來做的事以及產出幾乎一樣，這代表你正在原地踏步，曲線正在逐步往下。

3. 你失去工作動機。

　　你發現對工作內容提不起勁，對一切都不感興趣，雖然每天按時把工作做完，卻完全無法感受到工作的樂趣，你已經不記得上次何時為工作感到興奮？

4. 你對自己的未來感到疑惑。

　　你現在已經在高峰期，已經感到很滿足，對於未來如何發展並沒有什麼積極的想法。

預先發展需要的能力

　　第二條線，也就是 B 路線，是你未來要做的事，是你未來的能力，你需要改變目標和方法所採取的應變策略或新機會，是你未來因應世界變化而預先發展的計畫。

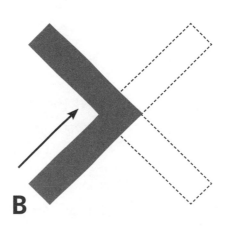

B

X計畫
打造人生黃金交叉線的轉機與關鍵

何時你的第二條線要準備開始？

1. 你想創造新的價值。

你現在的工作已經駕輕就熟了，但是不滿於現狀，你意識到自己應該可以產生更大的價值。

2. 你想走出一條自己的路或是想做更大的夢。

你發現一個機會，想通過創業實現你的夢想，走出一條屬於自己的路。

3. 你想補強自己的弱點。

你現在是非主管職，想往主管職方向前進，你知道自己過去沒有帶領團隊以及管理的經驗，想補強這方面的知識與能力。

4. 你想要探索新領域。

你想要為事業生涯的下半場開創不同的風貌，希望找出新的挑戰與機會，為自己「開創第二種事業」。

彼得杜拉克說：「生涯的改變，必須在原有事業達到顛峰之前，就開始參與自己選定的第二項事業，時間越早

越好。」所以第二條線要及早開始，千萬不要等到第一條
線被迫歸零的時候，或是事到臨頭才思考生涯的改變，例
如被你覺得會待到退休的公司突然宣布裁員而沒有做任何
準備，到時任何一條線都可能幫助不了你。

　　如果正在二十歲世代的階段，第二條線的目的是多嘗
試各種不同的領域，發現自己「真正想做的事」，或是在
工作當中找到自己不曾發現到的特殊專長。

　　如果你正在三十歲世代的階段，第二條線的目的是發
展職涯更進階的下一步所需要的能力，例如準備轉戰中高
級主管，負責更大的部門，準備迎接更大的挑戰。

　　如果你正在四十歲世代的階段，通常在原本的領域已
經達到專業水平，也可能已經擔任中高階主管， 第二條
線的目的是為了往自己真正的夢想邁進，或是發展第二事
業，例如在兼顧本業之餘，積極利用周末經營第二事業的
活動，培養自己在第二事業方面的能力與人脈，或是發展
自我品牌。

　　如果你正在五十歲世代或六十歲世代的階段，第二條
線的目的是為了幫自己的生活增添新的刺激與動力，不至
於退休後找不到生活目標或是無所事事。

　　不管你正在哪一個年齡世代，如同任何產品發展都有
Roadmap，你在發展的第二條線也應該有Roadmap，這

條線上的每個里程碑該定什麼目標？該如何達到目標？應該如何規畫？都需要及早思考以及不斷的思考。

發展人生第二條線有九個原則，我在本書中提供了具體的方法與步驟，「人生成長發展地圖」與「人生成長發展九宮格」是我為這本書精心設計的工具，這張地圖與九宮格內的所有問題集以及工具集都是我定期進行思考，以及每年用來檢視自我以及規畫自己未來的方法，因為我已經用了好幾年，它對我的幫助很大，所以透過本書的設計，也希望能夠幫助到你。

如何轉型成為V型人生？

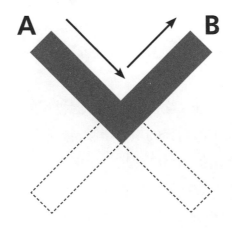

在你的人生當中，你現在擁有一個技能，也就是 A 路線，但是隨著時間的演進，這個技能會逐漸的被時代淘汰，我們應該要開始培養第二個技能，也就是 B 路線，這個技能可以讓我們在第一個技能逐漸往下的同時，通過第二個技能的培養往上形成黃金交叉，最後變成一個 V 字，V 代表勝利，也就是你正式轉型成勝利人生。

A 路線是你現在正在做的事，是你目前的能力。
B 路線是你未來要做的事，是你未來的能力。

彼得杜拉克說：「未來無法預測，但可以創造。」沒有人知道未來，所以我們更應該以開放的心胸迎接未知的未來，對於自己的人生到底什麼應該發生，或者什麼不應該發生，先不做任何假設，但是你需要隨時改變自己，需要因應時代的改變而進行目標和方法的改變，採取應變策略，找到新機會，以便未來能夠因應世界變化而預先發展你的人生 B 路線。這本書希望告訴你，如何讓你的人生形成黃金交叉，最後走向勝利人生。

找到自己最喜歡的事
堅持下去

　　我的人生四十歲才開始「X計畫」的第二條線，四十歲之前，我歷經工程與建築繪圖員、工業設計師、產品經理、銷售經理，以及行銷主管等職位。跟許多人一樣，一路按照父母與家人朋友的期待。我當時的想法很簡單，只希望不斷升職加薪，脫離貧窮，幫助自己與家人能夠過更好的生活。

　　大學畢業後我在合勤科技等公司服務了十幾年，專業於品牌、行銷、業務等方面，三十五歲的時候，才能夠與老婆兩人買下人生第一間房子，工作與家庭慢慢步入軌道，轉眼間即將邁入人生下半場，我開始思考四十歲之後能夠發揮的舞台與事業，而我在這十幾年的工作過程中不斷摸索，逐漸發現自己的興趣與擅長的領域，也發現自己對「企業講師」這個職業的嚮往與熱情，也就是「X計畫」的「B路線」。經過四年的規畫，我在四十歲來臨前

提出辭呈正式創業，這是我寫給當時同事的辭職信：

親愛的合勤集團（ZYXEL, MitraStar）夥伴：

　　離開合勤，需要多大的勇氣你知道嗎？

　　請原諒我，以下篇幅不允許我一一感謝每個人，因為我認識的人實在太多，需要感謝的人實在太多。

　　邁入合勤第八個年頭，我即將於今天（二〇一一年三月三十一日）離開大學畢業後十五年來，最深愛的一家公司：合勤科技。

　　人生要有夢想，夢想要有勇氣去追尋，才能改變自我達成夢想，這是我去年在交大MBA演講時告訴在場聽眾的一句話：夢想、勇氣、轉變。

　　離職的一年內，我都不敢告訴父母，就怕父母擔心；創業的一年內，就算沒事，我也要裝忙，就怕老婆擔心。創業前幾乎沒有同事與主管看好我的決定，我告訴自己這是我喜歡做的事，但是說實話，我對未來卻一點都沒有把握，我每天都在擔心下個月的營收在哪裡。

　　七年來，我很努力完成每次客戶交給我的課程與專案，感謝兩岸超過兩百家企業給我機會，其中有許多客戶甚至連續多年指名我的課程，也成了我的好朋友。

X計畫
打造人生黃金交叉線的轉機與關鍵

▌ 我的人生第二條線發展成果與軌跡

時間	大事摘要
2011	40歲創業成為企業講師，成立創新智庫管理顧問公司，至今創業7年
2011	報考清華大學EMBA研究所
2012	獲得中國百大精品課程
2013	北京大學CEO總裁班講師
2013	企業內訓授課時數超過3000小時
2014	企業內訓突破單年度授課時數超過1200小時
2015	出版第一本書《不懂這些，別想加薪》榮登博客來新書排行榜第一名
2015	清華大學EMBA研究所畢業
2015	奇點創新大賽超級創新力講師
2015	企業內訓授課累計人數突破三萬人
2016	出版第二本書《左思右想》榮登博客來新書排行榜第一名
2016	經理人月刊專欄作家
2016	主持「環宇廣播FM96.7廣播節目」《功夫Fighting》
2016	企業內訓授課時數累計超過5000小時
2017	企業內訓授課場次累計超過1000場，累計人數超過四萬人
2017	《不懂這些，別想加薪》簡體版大陸上市
2017	清華大學名人堂
2017	榮獲經理人月刊年度百大MVP經理人
2017	完成人生大三鐵：潛水、戈壁、單車環島
2018	出版第三本書《X計畫》

回頭看過去十五年的上班族職涯加上七年的創業生涯，我發現是客戶、是夥伴、是學員、是聽眾與讀者，是他們讓我不斷學習、不斷成長，是他們讓我看見許多人生故事，讓我發現開創自己人生的下一個十年有方法可循。

回顧成長歷程，發現自己也在這些方法中不斷摸索。從他們的身上與自己的經驗中，萃取出規畫人生下一個十年的九個原則而彙整成這本書，我希望讓大家少走冤枉路，希望這本書能夠幫助不管幾歲的你，找到你的人生下一個十年的方向。

從職場工作者轉換成創業者

我的創業過程分成三階段：摸索、聚焦、準備創業。從東海大學工業設計系畢業的我，一開始擔任工業設計師，而後轉產品經理、銷售、行銷等部門，在這些過程中，我收到許多客戶正面的回饋，「我發現好像找到一個價值：可以把複雜的東西講得比較簡單，而且顧客願意買單，更重要的是，這件事情讓我有興趣。」我發現企業講師正是一個可以發揮我「由繁化簡」專長的職業，因此我在公司接受了內部講師的訓練，也花了很多的時間整理自己能教的內容。

在這樣的摸索中，我逐漸找到自己的方向，也讓我不

禁有了一個想法:「企業講師既然是我很喜歡的工作,我有沒有機會在四十歲之後做一個轉換,從一個職場工作者轉換成創業者?」因為這樣的想法,我花了四年得到了家人的支持,也做了許多的準備,終於在四十歲創業。

在我邁向創業的這段路上,我最感謝自己的就是在前段時期「勇於嘗試摸索」的心態,才能讓我在茫茫大海中找到擅長也熱愛的工作。

提升自己的價值

決定創業後,我做了四個規畫,第一是提升自己的能力,第二是藉由雜誌專欄提高知名度,第三是成立部落格與粉絲團,第四是取得家人的支持。

創業要面臨很大的風險,要讓自己擁有競爭力必須提升自己,增加不同領域的知識,讓自己能夠在不同的企業呈現同樣專業的方法,並寫專欄、部落格增加曝光率。「與其別人給機會,不如自己找!」我不斷地為自己爭取機會,主動在公司開設課程,增加教學時數;寫文章到處投稿雜誌,爭取專欄曝光的機會,並在部落格上持續記錄自己的想法。

最後一項也就是最重要的——得到家人的支持,其實剛開始因為這是一份沒有穩定薪水的工作,我老婆並不支

持，但「當你自己很想做一件事的時候，旁人會被感染，而且甚至會幫你做一些事。」漸漸的我也不再是一個人奮鬥，有了老婆的支持與關心，一切也漸漸地上了軌道。

找到自己的定位與方向

在創業的過程中，我覺得「定位」非常的重要，我想要找到一個獨特的、嶄新的領域——那就是「創新」；接下來我的定位鎖定了兩岸，最後找到屬於自己的一條路。

「這是一條我自己很喜歡的路，所以現在感到十分高興！」我覺得先不用去看未來的成就如何，喜歡才是重點，不喜歡就會結束。

陸續出版《不懂這些，別想加薪》及《左思右想》兩本書，並且主持《功夫Fighting》廣播節目，我希望自己從多方面發揮影響力，幫助更多的人，並且帶領志工從事「10×10」公益活動，幫助國小到高中的老師利用自己設計桌遊的方式教學，開創台灣第一個教學微桌遊Maker的平台。

《左思右想》是我第一本專門為創新和創意思考而寫的書，我認為邏輯跟創意並重是未來非常重要的一個能力，「創意是可以學習的！」我創造了「創意九式」與「邏輯九式」，希望讀者與學員可以透過十八個簡單技

巧,立刻想出好點子與邏輯思考。

享受人生的旅程

「如果我們的人生是一段旅程,與其很有規畫、很有計畫地做,不如讓自己享受這個旅程。」享受這個旅程的要點就是不斷地嘗試、找到屬於自己的天職並堅持,所以一定要不斷、不斷的嘗試,找到自己最喜歡做的那件事然後堅持下去,每個人都可以把這趟旅程走得非常精采。

「去享受你的人生吧!」

問自己十年後
靠什麼賺錢？

　　二○一六年一月世界經濟論壇（WEF, World Economics Forum）發表未來職業報告書（The Future of Jobs），其中點出二○二○年職場十大關鍵能力，名列前茅的技能就是「解決複雜問題」。

　　一旦問題與越多人相關，問題就會越複雜，每個人都有一個與自己人生息息相關的問題，就是：「你的人生下一步是什麼？」這個問題本身就非常複雜，而且值得你花時間越早想清楚越好。

　　你要如何準備自己的人生下一個十年？也就是說，重點不在你現在賺多少，而是十年後你靠什麼賺錢？這是很重要的人生思考題。

　　「我希望我的人生下一個十年，可以過我想過的樣子」，我相信這是很多人的願望。如果你正在思考這個問題，這本書或許可以提供你思考的方向，幫助你共同思考

X計畫
打造人生黃金交叉線的轉機與關鍵

以下問題：

◆ 我的機會在哪裡？如何找到屬於自己的舞台？
◆ 我要如何發現與發揮天賦？
◆ 如何跳脫一成不變的生活，改變現狀？
◆ 我要如何走出不一樣的路？
◆ 朋友很多但是困難時，真正願意幫忙的卻沒有？
◆ 如何創造自己的價值？
◆ 拿掉頭銜之後，我是否還能發揮影響力？
◆ 如何結合興趣發展成自己的事業與志業？
◆ 如何有效思考一件事？

以終為始不再適用

　　「充分了解自己是誰，十年後想變成什麼樣子，找到自己真正的目標，一旦確定詳細與特定的目標之後，你就應該規畫一套計畫，或畫出一張路線圖加以實現。」許多人把這套人生哲學在過去數十年間被奉為圭臬，而這一套傳統的規畫方法，是假設環境都不會改變，先決定自己十年後想成為什麼後，再規畫行動計畫，在過去處於相對穩定與靜態的世界中，這樣的做法行得通，但是在這個改變迅速的年代，這種職業生涯的規畫方式卻有很大的問題。

　　這並不是說人生不要規畫，而是我們對於自己的人生應該有一個大致的規畫，目的是在人生當中發展出真正的自我價值，也要夠敏捷，在適當的時候調整與校正計畫。就像上太空，一定有一個預先規畫好的航線，但是上月球的太空人，每一刻都在校正航線。

　　如果十年之後，我們可能都在從事現在無法想像的新工作，我們究竟要如何面對充滿不確定性的未來並且還能夠創造自己的未來呢？人生的未來與企業的未來相同，都是面臨未知的挑戰，又必須以創新的思維找到一個方法，讓自己能夠保持競爭力，又不被時代所淘汰。

　　我在這本書中分享許多親身的故事，一路失敗了很多次才懂的事，一路跌跌撞撞才體會出來的簡單原則，就是這些簡單原則帶領我勇敢走出人生第二條路。

發展人生第二條線的九個原則

在本書開始之前，先為各位讀者簡單說明一下發展人生第二條線，也就是 B 路線，創造自己未來的九個原則：

◆ 原則一：機會連結。

◆ 原則二：簡單專注。

◆ 原則三：改變規則。

◆ 原則四：逆向思考。

◆ 原則五：人脈合作。

◆ 原則六：敏銳觀察。

◆ 原則七：表達影響。

◆ 原則八：好奇嘗試。

◆ 原則九：思考邏輯。

原則一：機會連結

　　連結不同領域的經驗，會為自己的領域帶來全新的體驗。賈伯斯生前在史丹佛大學的畢業典禮上表示，啟發他設計出第一台麥金塔電腦令人驚艷的使用者體驗，是他在大學時旁聽的字體課以及書法課，當時他並不知道這課程對未來有什麼用，但在生命的某一刻，過去經歷過的這些東西就會串連起來，展現連結的意義與作用。

原則二：簡單專注

　　每個人一天的時間都相同，為什麼有些人可以做得更多？成就更大？賺得更多？擁有更多？答案在於，他們聚焦在最重要的核心上，只做最核心的那件事，忽略其他非核心的事。這表示你必須認清並非每件事都一樣重要，你要做的就是找出最重要的那一件事，做到九十九分甚至一百分。

　　李小龍曾經說過：「不怕一個人會一百種功夫，只怕一個人把一招練了一百遍。」練一百種功夫，每一種都是淺嘗輒止，終究不能實戰，不過如果把一招練一百遍，往往可以一招斃命。上帝賜予了每個人一項天賦，你要做的，就是找到它。

原則三：改變規則

改變遊戲規則之前，先要改變你的思考方法，你可以通過以下四種很有效的方法進行改變：

◆ 第一種：重新定義。

◆ 第二種：轉移到新領域。

◆ 第三種做法：看到整個「結構」的問題，然後提出新的「結構」。

◆ 第四種做法：不是做得更多，而是做得不同。

原則四：逆向思考

不要只是停留在舒適地帶，在探索與創造人生的過程當中充滿了風險，跨出舒適圈之後，會有很多原本是你不喜歡做的事接踵而來，要學會接受不喜歡的事情，時時提醒自己回到初衷。不經常冒險，就等著在未來的某個時間點被淘汰。人生就是一段段持續冒險的旅程，我們需要在旅程當中學會從容接受各種衝擊的能力。

原則五：人脈合作

生活中除了自己之外，你的成功都需要別人的幫助，想要運用人脈幫助創造人生更好的局面，關鍵在於找到對

你的未來有著利害關係的人，他們就是你的「利益關係人」，要能夠與「利益關係人」產生正向循環的合作，除了從自己的角度思考之外，更要從對方的角度出發，思考對方希望自己做什麼？能夠得到什麼幫助？

原則六：敏銳觀察

當經驗越來越豐富，你要練習成為一個能夠獨當一面的人，如果你負責一件事，希望最後變成什麼樣子？你希望最終做到什麼程度？達到什麼目標？這個才是真正將領的角色。任務型思維的思考範圍在任務本身，思考角度由下而上，而將領型思維的思考範圍在居高臨下看待整件事情，思考角度由上而下。

原則七：表達影響

如果你覺得自己非常優秀，更別輸在不會說話上。對於每個人來說，未來最具增值的資產，就是你的影響力。每一個人都可以經由以下四個方法站上台發揮影響力。

一、有系統的對一件事情提出自己的觀點。

二、說自己的故事發揮影響力。

三、將知識轉換成別人可以學習的方法。

四、成為策展人，持續輸出成為意見領袖。

原則八：好奇嘗試

　　人生任何的改變與調整，除了自行評估之外，更要廣泛徵詢意見，才能夠客觀地分析與評估，做出正確的抉擇。在專業領域之外，嘗試各種不同領域的知識與興趣，例如，閱讀各種不同方向的書籍如歷史、心理、藝術等，嘗試不同的戶外運動，如登山、潛水、露營、釣魚等，先不要自我設限，透過「雜學」找到自己的興趣。

原則九：思考邏輯

　　連線雜誌（Wired）的共同創辦人凱文‧凱利（Kevin Kelly）說：「如果你現在還是學生，長大後要用的科技現在還沒發明出來，你最需要熟練的不是特定科技，而是要熟練科技運用的通用法則。」這裡指的通用法就是「思考架構」也就是將自己的經驗、遇到的問題，領域相關知識與事實、自己的意見或設想之類的資料收集起來，並利用其相互關係與邏輯進行歸類與連結，以便從複雜的現象中整理出思路、抓住問題，找出解決步驟的一種方法。

　　發展人生第二條線的九個原則，根據我觀察超過五百位來自朋友、廣播來賓、知名人士、高手與企業家的經

驗，這九個原則幾乎都會出現在第二條線上，只是出現的順序會因為每個人有所不同。

為了讓所有讀者能夠有所依循，我提供一個方法讓大家按表操課，你可以在我的建議基礎之上發展出屬於自己的第二條線。這個建議的方法可以分成三個階段，我想以騎自行車的爬坡來做說明：分別是第二條線剛開始萌芽的「爬坡階段」、第二條線與第一條線接觸的「黃金交叉階段」，以及第二條線與第一條線形成 V 型人生的「攻頂階段」。

爬坡階段

◆ 「原則一：機會連結」，是運用創意九式的「組合」技巧，挖掘出未來的機會。

◆ 「原則二：簡單專注」，是運用創意九式的「消除」技巧，專注在自己未來的核心能力。

◆ 「原則六：敏銳觀察」，是運用創意九式的「觀察」技巧，讓自己贏在細節上。

◆ 「原則八：好奇嘗試」，是運用創意九式的「兒童」技巧，找到自己真正的興趣。

X計畫
打造人生黃金交叉線的轉機與關鍵

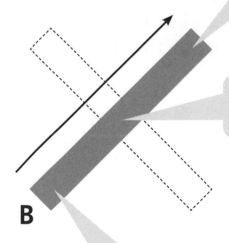

攻頂階段：

原則三：改變規則

原則四：逆向思考

原則七：表達影響

原則九：思考邏輯

黃金交叉階段：

原則五：人脈合作

B

爬坡階段：

原則一：機會連結

原則二：簡單專注

原則六：敏銳觀察

原則八：好奇嘗試

黃金交叉階段

◆「原則五：人脈合作」，是運用創意九式的「借用」技巧，讓人脈發揮最大價值。

攻頂階段

◆「原則三：改變規則」，是運用創意九式的「改變」技巧，找到人生改變的契機。

◆「原則四：逆向思考」，是運用創意九式的「反向」技巧，走出一條與眾不同的路。

◆「原則七：表達影響」，是運用創意九式的「問問題」技巧，說出影響力。

◆「原則九：思考邏輯」，是運用創意九式的「打破框框」技巧，打造自己的思考力。

接下來本書把九個原則分成九個章節，帶領讀者從故事中一起體會如何運用創新思維面對人生的挑戰，創造自己的未來。

原則 **1**

機會連結

要與眾不同，脫穎而出，
就要做與別人不一樣的事情，
謀求不一樣的表現。
問題是，你要找到跟別人不一樣的事情，
要做出超出別人的表現，
要有與眾不同的觀念，
你就要有與眾不同的思考。

與其等待機會，不如創造機會

　　我是東海大學工業設計系的學生，我們在大學四年級一整年需要設計一個畢業作品，於是我跟同班同學陳逸龍組隊共同完成畢業設計作品，為什麼會跟他共同組隊？因為我們在大三的時候曾經同組設計一款冰箱，拿下聲寶設計新人獎第一名，在合作的過程當中，我們培養了許多默契，於是在大四的時候，我們決定要再度聯手。

　　在一開始決定設計主題的時候，我跟夥伴先訂下一個方向，希望這個產品能夠跟產業界有更緊密的結合，當時我們觀察台灣中部的企業後，便鎖定巨大機械，也就是捷安特。跟巨大機械設計部門聯繫之後，表達了我們想要在畢業設計作品中進行建教合作的意願，很高興巨大機械沒有拒絕我們，並希望我們可以到公司做一個簡報。

　　於是我們倆便著手進行提案，提案的方向是運動健身設備。由於我們事先研究了巨大機械的策略發展方向，於

是大膽提出希望能夠設計一款運動健身室內自行車。

除了提出產品設計的企畫之外，我與夥伴又共同思考一個問題，像巨大機械這麼大規模的公司，每年必定有許多學生甚至學校單位提出建教合作案，如果巨大機械每年只能限量的進行建教合作案，我們要如何在這麼多的建教合作提案中脫穎而出呢？

▌如何脫穎而出的思考

WHAT （為何合作？） 對方跟我合作的目的是什麼？	與學生合作能激發不同的創意。
WHAT MISSING （忽略之處？） 大部分的人會忽略什麼？	大部分的學生會著重在創意發想，而忽略如何落實的執行過程，而這卻是企業在意的地方。
WHAT TO DO （決勝之處？） 我做哪些事會讓我脫穎而出？	我除了說明創意方向之外，還需要說明如何執行才能夠將創意變成商品。

從等待機會轉而創造機會

我們認為設計系學生通常有創意卻缺乏管理執行能力，也就是提出產品設計的主軸與方向之後，企業可能會擔心你到底做不做得出來？未來如何讓這個專案能夠確實

執行完成？使這項建教合作能夠有預期的成果並達到預期
的目標？所以要脫穎而出，就必須要讓巨大機械看到我們
在設計專案上管理與執行的計畫，於是我們決定設計一個
祕密武器：那就是甘特圖。

當天由巨大機械設計部門最高主管率領三到四位產品
設計師在會議室中聆聽簡報，我們在簡報當中提到，希望
這個產品能夠透過運動協助消費者量身訂做健身計畫，並
且循序漸進地進行訓練，提高心肺功能，記錄運動過程當
中的健康狀態，並且提供消費者下一步的運動計畫建議。
我們覺得這個方向應該符合巨大機械未來在運動健身設備
發展的方向，同時提出希望能夠在建教合作的過程當中，
了解巨大機械進行產品設計的過程，以便畢業設計的時候
就能夠了解產業界的設計實務。

簡報的過程進行得還滿順利，不過最重要的轉折點是
在整個PPT的最後一頁，我們做了一份甘特圖，在甘特
圖上詳細列出從九月份到次年五月份整個過程需要做哪些
事情？包含資源的分配、工作的任務安排，從專案啟動的
需求定義問題分析以及市場機會，到專案計畫的任務、資
源、時間，風險的規畫，再到專案執行，監控與收尾階段
的安排，我們現場也把甘特圖列印出來給現場與會的產品
設計師與設計部門最高主管，並將簡報停在最後的甘特圖

上，希望產品設計部門提供意見與指導。

　　大約二十分鐘的互動與討論之後，巨大機械的設計部主管站起來，拿著甘特圖向同事說，你看現在連大學生都已經會用甘特圖做專案管理計畫了，我們未來也應該要開始用專案管理的方式管理設計專案。接著便轉頭表示，很高興我們提出跟他們未來產品方向符合的企畫，很驚訝我們能夠將未來一年的計畫有如此詳細的規畫與安排，相對於有許多學生只有想法沒有計畫，我們是他看過在學生時代提出產品計畫中最完整詳細的，他相信我們應該可以做好，願意支持我們、贊助我們。

　　會議結束之後，我與夥伴從位於大甲的巨大機械公司總部回到位於大肚山的東海大學路上，開心得不得了，這是我們第一次透過自己獲得企業的經費贊助，讓我們對未來一年的產品設計材料與製作的設計經費完全不用愁，這也與我們當時設定必須要跟企業接軌的方向完全符合。

　　重點是我們所設定的專案管理流程果然發揮功用，得到巨大機械的青睞。這個管理流程不但幫助我們拿下了建教合作案，也讓我們順利完成專案。我們深刻體會到，跟別人做不一樣的事才能提高成功率。一年後，很幸運我們這一組拿到了畢業設計展第一名。

找出可以跟別人不一樣的地方

回到在工作當中也是一樣的情況：你跟別人一樣朝九晚五，你跟別人一樣做相同的事情，你跟別人做出來的品質差不多，那麼你憑什麼想要比別人賺更多？

如果你的人生目標就是選擇跟大家一樣，人生無大志、安穩過一生，這也沒什麼不好，可是如果你的目標是想要出人頭地、鶴立雞群、異軍突起，但是你在團隊當中做的事情沒有特殊之處，表現跟別人差不多，想法也人云亦云，你就無法期待自己能夠在眾人當中脫穎而出。

所以要與眾不同，脫穎而出，就要做與別人不一樣的事情，謀求不一樣的表現。問題是，你要找到跟別人不一樣的事情，要做出超出別人的表現，要有與眾不同的觀念，你就要有與眾不同的思考。

與眾不同的思考最重要的一件事，就是創造機會。

機會是自己創造出來的

　　成功從機會開始，對球員來說，機會就是你拿得到球；對演員來說，機會就是獲得演出的邀請，然而這些機會絕大多數都不是等著被你挑選，需要去爭取或創造。

　　機會通常隱藏在問題當中，一般人看到問題就是問題，常常會自怨自艾：「為什麼是我？」成功的人看到問題就是機會，常常會問自己：「我有更好的辦法嗎？」總是不斷的想要找到問題的答案。

從解決問題的過程中展現專業

　　每個人要先對自己的專業有所堅持，因為產出的每一個作品、完成的每一個任務、負責的每一個專案，都代表著你的專業。

　　如果你是個設計人員，但是你對設計沒有完美的堅持，有沒有你對於設計的品質沒有差異，別人如何覺得你

很重要，你又如何能夠獲得重視？

　　如果你是個文件管理人員，但是你對經手的文件沒有做好把關的責任，有沒有你對於文件管理的品質沒有差異，別人如何相信你很重要，你又如何能夠獲得重視？

　　如果你是個業務人員，但是你對於滿足客戶的需求沒有異常的努力，有沒有你對於達成客戶的使命沒有差異，別人如何相信你很重要，你又如何能夠獲得重視？

　　認真對待自己所做的每一個工作，讓大家覺得做好這件事真的不簡單，而且透過與過去或與其他人同樣做這件事的對照來突顯「因為有你」的差別，你的專業才會因此獲得尊重，才有可能獲得更好的機會。

　　你認真，別人才會認真，贏得尊重最好的方法就是認真做好每一件事。花若盛開，蝴蝶自來，人若精采，天自安排。

用「準創業」的心態經營自己與創造機會

　　很多人以為當了老闆後才會擁有「事業」，創立公司之後才算是「創業」，不然都算是「工作」。不管是否創業，你都可以採用「準創業」的心態經營自己的工作甚至人生。

　　如果你常常告訴自己「我只是幫別人做事，給多少錢

辦多少事」，以這樣的心態幫別人做事，叫做「工作」。

　　如果你常常告訴自己「我做這件事是希望未來能夠得到更多的機會，雖然薪水不是很高，但是這裡能夠有更好的發展空間」，以這樣的心態做事叫做「事業」，是以「準創業」的心態經營自己。

▌不同的心態有不同的成果

工作心態	創業心態
我所負責的每一個專案，都在執行工作，成敗與我無關。	我所負責的每一個專案，都代表著我自己，成敗也代表我自己。
我只是幫別人做事，給多少錢辦多少事。	我做這件事，是希望未來能夠得到更多的機會，雖然薪水不是很高，但是這裡能夠有更好的發展空間。
幫別人做事。	幫自己做事。

　　剛開始工作的前三年，我在公司的時間往往超過十二個小時以上，每天早上七點半我就到公司，晚上甚至常常超過十點才離開，當時我在一家做工廠自動化的公司做專案經理與機械設計師，那個時候我只是單純的覺得我有很多還不懂，跟現場的老師傅討論的時候，常常都聽不太懂他在說什麼，覺得自己的起點比別人慢很多，需要花更多

的時間才能夠趕上別人。後來回想,那三年是我在機械製造業成長最多關於工廠自動化的專業能力成長最大的一段時間。

有一天,我突然看到一個課程宣傳單,上面寫著「總經理養成班」,我看到之後立刻進去董事長房間告訴他,「我想要上這個課程,我要快點培養當總經理的能力。」沒想到董事長竟然立刻答應,現在回想,除了非常感動董事長給我的機會與舞台,另一方面真的感謝自己當時初生之犢不怕虎的勇氣。

很有趣的是,之後董事長常常進來辦公室的時候,三不五時會在我的桌上丟下一本他覺得不錯的管理書,我也就常常有機會看到不錯的書,我記得當時這幾本書給了我一個完全沒有想到過的觀點,而這個觀點直到現在還深深影響著我,這個觀點就是,「要把自己的人生,當成一家企業或是一個品牌來經營」。

我慢慢體會到,當你將自己當成經營一家企業,不管你在做任何工作,你都在想如何讓自己更有競爭力,如何讓自己未來增值加分,你正在經營「自己」這個事業,你也正在經營「自己」這個品牌。

如果你這樣想,那麼你參與的每一場戰役都是最重要的戰役,這場戰役的成果也是你的戰功,如果累積了足夠

的戰功，未來就等於替自己爭取到更多的機會。

　　你就是一個公司，這個公司有一個員工，就是你自己。你的工作就是你的事業，沒有人欠你一份工作，你就是你公司的執行長，你要照顧你自己的公司。

　　從思考如何脫穎而出，再用「準創業」的心態經營自己，這兩個方式將會為自己創造許多機會，除了自己之外，別人身上也有許多可以創造的機會，這就需要運用「連結」與「跨界」這兩個方法，讓我們一起來了解要怎麼做？

能夠創造連結
才能產生更多價值

　　有一種字典是按著字母順序排列，從 A 排到 Z，將所有單字依序列出來。有一種字典是把同類詞連在一起，例如管理者 Manager 與領導者 Leader 是放在一起的。你覺得哪一種字典會比較容易學習？

　　有一位醫生創造了一種檢索思考的方式，這是後來「同類詞詞典」的原理，也是上面兩種字典當中的第二種字典，這使我們以「同類成群」的方式思考問題會變得更加容易。把同類的詞語放在同一個群組，就會組成一個有內在邏輯的結構，這種有結構的群組讓「連結」發揮了極大的價值，所以每當思考某個觀點的時候，你需要把收集到的資訊以及所學的內容「連結」起來，才能夠創造與發揮價值。

　　你收集到的任何一個單一資訊都可能是沒有意義的，除非你將其「連結」到你的腦海裡。大腦其實就是將負責

儲存不同信息的神經元進行連結，通過連結才能夠讓信息
之間產生關聯，讓你可以明白事情的來龍去脈。

練習「將片段之事進行連結」

建立什麼連結呢？就是把事情 A 與事情 B 做一個連
結，問題 C 與問題 D 做一個連結，解決方案 E 跟解決方
案 F 之間做連結，過去跟現在做一個連結，現在與未來做
一個連結等。

例如，我們今天看到一則有關某一家公司大幅裁員的
新聞，這時你可以將這則新聞和最近裁員新聞連接起來，
或者是將這則新聞和這家公司其他新聞連接起來。

那麼要怎麼樣進行連結呢？我認為比較核心的方法有
三個步驟：

思考本質	剝開表象背後的真相。
思考連結	拼湊每一個細碎的資料，編織成自己的觀點自己的思考脈絡。
思考變化	接下來會有什麼變化？ 未來會變成什麼樣子？

第一，思考這個事物的本質。許多事物我們都可能只看到表象，我們要開始層層剝開表象背後的真相，才能夠找到事物的本質與核心。

第二，思考這個事務跟其他事務能夠有怎麼樣的連結。世界上每一個事情都不是完全獨立的，都會與周邊的人事時地物存在千萬種不同的連結。我們要學會拼湊每一個細碎的資料，編織成自己的觀點自己的思考脈絡。

通常單獨看一則事件你會得到一種觀點，但是如果連結了許多相關事件之後，你可能會得到另一種觀點。例如新聞中提到公司大幅裁員兩百名員工，如果你連結最近相關裁員消息之後可能會發現景氣的趨勢，又或者如果連結後發現，這家公司有很多關於客戶抱怨不斷增加、產品品質出現問題等新聞，你可能會發現這家公司的管理也出現問題。

第三，思考這個事物未來可能的變化。我們要思考這個事物接下來會有什麼變化？未來會變成什麼樣子？這就是預測。人類有很多的好奇以及心理都是跟預測有關係。

圍棋大師在對手下一步棋之後，可以看出後面三步棋的走法，如果他的對手只能看出後面兩步棋，他就更有機會能夠站在比對手更高一個層次來預測之後的戰局變化。所以當你看到某個事件，在進行第二步的連結之後，「下

一步」便是很重要的思考。

　　這個事件下一步可能會有什麼變化？
　　這個事件如果成功和失敗，當中的主角會各自產生什麼樣的變化？
　　這個事件可能會產生什麼問題？
　　這個時間對我有什麼影響？

　　舉例來說，如果我們看到一則新聞，公司 A 將要收購公司 B，「下一步」的思考可能有：

　　公司 A 買下公司 B 之後會發生什麼變化？股票會上漲多少或是下跌多少？誰會來掌管新的公司？
　　如果公司 A 收購不成功，會去收購其他公司嗎？
　　有沒有其他公司也正在考慮收購公司 B？
　　哪些方面可能會出問題？
　　這個事件對我或是我所處我的行業會帶來什麼變化？

建立連結的好方法

　　建立連結有沒有方法？以下提供四個很簡單的方法。

X計畫
打造人生黃金交叉線的轉機與關鍵

時間法

如果想連結持續一段時間的現象，可以運用此法，連結順序是過去、現在、未來。此法的優點在於，可以很容易回顧過去、展望未來。例如：這個事件去年發生什麼事？今年發生什麼事？接下來可能會發生什麼事？

問題法

如果想連結問題發生的原因與解決對策，可以運用此法，連結順序是問題、原因、對策。此法的優點在於，可以很容易思考事情的來龍去脈。

例如：業績比去年同期下降百分之十五（問題），主要原因是客戶在品質方面的投訴件數高達一百二十件，讓客戶對我們失去信心（原因），所以主角決定要立即成立投訴應變中心（對策），兩個月內妥善處理投訴問題，重拾客戶的信心。

流程法

如果想連結流程中的分析，可以運用此法，連結順序是流程一、流程二、流程三。此法的優點在於可以很容易從流程中相互比較。

例如：業績比去年同期下降百分之十五，以整個業務管理流程來看，可以從三個階段來觀察，第一是提高開發客戶數量（流程一），第二是樣品及時送測（流程二），第三是提高得標成功率（流程三）。

比較法

如果想連結的是分析與比較，可以運用此法，連結順序是比較一、比較二、比較三。此法的優點在於，可以很容易抓住分析比較的基準點。例如：業績比去年同期下降百分之十五（比較一），行業平均下降百分之二十（比較二），競爭對手 A 反升百分之五（比較三），所以主角雖然高於行業平均，但是距離競爭對手 A 反而相差更大。

建立連結除了以上幾個方法，我們還可以從更多的角度去思考這件事，所以你需要知道看待這個事物可能會有哪些角度？而這些角度都來自於你需要有豐富的知識、豐富的體驗、豐富的生活，才能夠讓這些事物產生連結。

如果我們只在自己的專業領域當中不斷鑽研，很容易走入死胡同，不容易跳脫框框，所以我們可以嘗試從不同方向進行連結，透過不同方向之間的連結，往往會發現以前沒有發現的東西。而每一個突破性的發現，都是結合領域之外的經驗所獲得的靈感而產生的新方法。

X計畫
打造人生黃金交叉線的轉機與關鍵

▐ 四種建立思考連結的方法

建立思考連結的方法	意義	連結順序
時間法	連結持續一段時間的現象	過去、現在、未來
問題法	連結問題發生的原因與解決對策	問題、原因、對策
流程法	連結流程中的分析	流程一、流程二、流程三
比較法	連結分析與比較	比較一、比較二、比較三

從跨界找到不同的連結

　　陳總經理在製造業相當有名，他在客戶服務方面遇到一些困難，但想了很久，一直沒有找到好的解決辦法。有一次，我約了一位食品業的專家與陳總經理一起喝下午茶聊天。那位食品業專家聊到一個個案，剛好讓陳總經理想到苦惱許久問題的解決辦法，於是陳總經理連聲道謝，而那位食品業的專家只是不好意思地表示：「我們一直以來都是這樣做！」這不是個案，周遭有許多的案例都在告訴我們，連結不同領域的經驗會為自己的領域帶來全新的體驗。

不被淘汰的必要途徑

　　每個人或產業都有一套值得學習的方法或運作模式，所以你可以這樣做：

　　一、選擇一至三種與你領域大不相同的人事物。

二、列出它們的特色與步驟。

三、取其優點應用到自己的產業或問題。

█ 從跨界找連結的步驟

步驟	內容
一，選擇一至三種與你領域大不相同的人事物	
二，列出他們的特色與步驟	
三，取其優點應用到我們的產業或問題	

你未來的競爭對手不只是跟你做一模一樣生意的企業，對方可能會從你沒想到的領域跑過來搶你的生意，仔細觀察這幾年市場上發生的變化，你就會發現「跨界」的例子屢見不鮮。

電信商利用「簡訊」完成「在手機上用文字聊天」這件事，而LINE與WECHAT並不是電信商起家，他們以同樣可以達到「在手機上用文字聊天」這件事，跨界搶電信商的生意。

銀行要利用「存款業務」完成「把錢存起來可以生利息」這件事，而阿里巴巴的餘額寶並不是銀行起家，他們

以同樣可以達到「把錢存起來可以生利息」這件事，跨界搶銀行的生意。

　　跨界的都不是原來在這個領域起家的，但是他們卻從另一個領域，以前所未有的速度進入你的領域。這種跨界的衝擊，你感受到了嗎？

　　未來，是個跨界的世界。沒有「這個產業本該如此」的思維包袱，反而具有「誰說這個產業一定要如此」的顛覆性思維。

不同的連結機會
找到未來的發展

　　發展的機會其實就在我們的四周，以你自己、工作的公司，或是所處的產業為中心的上下左右四個方向發展，分別是上游、下游、社會、未來。

▌X計畫人生成長設計工具一
　我的X機會：找到自己的發展機會

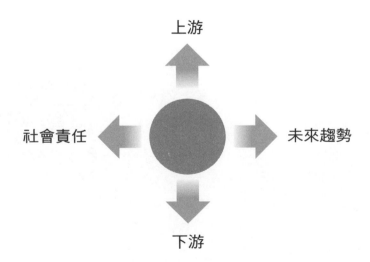

上游

社會責任　　　　　　　　　　　未來趨勢

下游

從上游找發展

　　一般是提供產品或服務給你（或公司）的角色，也可以說是你的供給端或是供應商，例如你是做產品的，提供你產品元件的公司就是你的上游。

從下游探水溫

　　一般是指你的需求端，或是通路、客戶，例如你是做產品的，你需要賣產品給通路或是客戶，他們就是你的下游。

從社會責任尋轉機

　　社會責任是指對社會做出貢獻的責任，例如慈善事業、公益活動，或環保設計，例如你做產品設計，社會責任可以是運用環保的材質與方法進行設計。

在未來趨勢中找方法

　　未來趨勢指一般來說是先進的方法和技術，例如你做產品設計，先進的方法可能會是用 3D 列印的方法進行製作。

　　了解上下左右四個方向之後，例如你現在是一位製造業的工程師，你就可以開始在這四個方向找機會。

往上找機會，思考是否可以往供應商方向發展？

　　供應商有機會制定產業規格，更早了解技術與趨勢的細節或接觸最原始的製造材料，如果你發現自己對於往技術深耕有濃厚的興趣，便是一個值得投入的發展方向。

往下找機會，思考是否可以往經銷商方向發展？

　　經銷商、分店、展售店、門市等角色更有機會接觸第一線的市場與客戶，更能掌握客戶需求，也更需要面對客戶的抱怨，如果你發現自己對於市場行銷、銷售，或經營客戶有濃厚的興趣，這是一個充滿舞台的發展方向。

往左找機會，思考是否可以往社會責任方向發展？

　　慈善事業，公益活動或環保設計都是對社會的責任，展現利潤回饋，保護地球，傳遞愛心等價值，如果你發現自己對於環保經濟或公益活動有濃厚的興趣，這是一個對所有人與社會產生正向循環的發展方向。

往右找機會，思考是否可以往未來技術方向發展？

　　人工智慧、大數據、虛擬擴增實境、互聯網、人臉辨識等未來技術，非常有機會與現有產品、服務、技術、流程進行整合，發展出新型態的樣貌，如果你對於追求新技術有濃厚的興趣，這是一個極具挑戰的發展方向。

　　這四個方向不一定是單一方向發展，可以結合兩個方向或多個方向發展，例如我可以往上加往左，也就是說我可以往製造材料的環保技術方向發展，或是我可以往下加往右，也就是說我可以往如何讓展售店結合人工智慧的方向發展。

原則 1 單元練習

1 探索人生，不管多瘋狂，先把想做的事情列出來，請寫
下二十個「我的夢想清單」

_____

_____

_____

_____

_____

2 Slash是鍵盤上的斜桿符號「/」，意指一個人名字後面
可以有許多不同身分，一塊地不是只能蓋出大樓也可以
變成花園，同樣的，你不是只有目前的成就，也可以有
其他的發展與機會，請寫下十個你想要的Slash「我的
斜桿多元身分」

_____

_____

---

3 「與其等待機會，不如創造機會」，發展的機會其實就在我們的四周，以你自己，或是你所從事的公司，或是你所處的產業為中心，以上下左右四個方向找機會，分別是上游，下游，過去，未來，請運用「我的X機會」工具中思考出「十個可能的發展方向？」

原則 **2**

簡單專注

要把某個主題講得非常簡單，
必須對這個主題有非常深刻的理解
才能夠做到，
所以你必須花非常多的時間去理解。
換言之，我們要付出更多的心力，
才有辦法讓事情變得更簡單，
所以在這個世界上，
把複雜變簡單永遠有商機。

攝氏零下五度的
震撼教育

　　我第一次到歐洲出差，便是到荷蘭做新產品訓練，面對荷蘭的經銷商，這麼多外國人進行英文簡報算是第一次經驗，所以我非常緊張，一直不停的準備。

　　為了讓自己的準備更充實，我寫信問了荷蘭分公司總經理，他表示荷蘭的經銷商都用過我們的產品，希望這次能夠多講些新產品技術方面的內容，讓他們覺得我們新產品的技術是非常頂尖的，因此我所有簡報都往技術方向做準備。

　　當天我被分配到一個小時的時間，為了把產品所有技術做最充足的說明，在六十分鐘內，我放了接近一百八十頁的簡報檔。你可以想像一下，即便以中文一分鐘講三頁簡報檔，尤其每一頁都需要說明，其實已經非常不容易了，更何況要用全英文把這一百八十頁的簡報檔在六十分鐘內說清楚，可想而知不是一件簡單的事。

　　其實我當時並沒有思考如何把資訊說得簡單，相反地，我希望能夠在六十分鐘內把這一百八十頁的資料，用最快速的時間、最完整的把它說完、唸完，所以我不斷地練習怎麼樣把英文說得更快一點，所以到現場之前，我已經準備好幾次了。

　　當天，我簡單自我介紹後就開始進行第一頁的簡報檔說明，由於緊張，大部分時間我都是面對投影幕，一方面是怕忘稿，一方面是害怕面對外國人。面對著投影幕，我把該講的、該唸的，一字不漏的把一百八十頁簡報檔在六十分鐘內唸完。

　　在結束的當下，我其實覺得自己滿厲害，完成任務了，不過當我鼓足勇氣回頭看在場所有來賓的時候，我發現大部分的人都呈現快睡著的狀態。但當時已經是吃飯時間，於是簡單說了謝謝之後，大家便都起立後往餐廳前進。

　　當我在講台收拾電腦以及簡報工具時，發現荷蘭分公司的總經理慢慢走過來。我心中想著他是想來跟我說聲「辛苦了，謝謝你！做得不錯」之類的話，沒想到他跟我四目交接的時候卻跟我說：「Your Presentation Sucks.（你的簡報實在太爛了。）」記得當時足足有好幾分鐘，我屬於驚訝、說不出話來的狀態，有一種被誤解、很無辜的感

覺，我心想自己花了這麼多時間準備，而且也是按照他希望的方向準備，沒想到他卻是這樣子回應。

荷蘭分公司總經理說完這句話之後便頭也不回的離開，留下我一人。當時我獨自走到飯店外面的一個石頭上坐下來，不知道過了多久，我才突然覺得有點冷，起身回到飯店門口，我還記得飯店門口有一個溫度計，上面寫著負五，也就是零下五度的意思，我才突然意識到其實自己並沒有穿外套在外面呆坐了很久。

人生不是得到就是學到

這個攝氏零下五度的震撼教育，在我人生當中是一個非常重要的事件，它讓我真的重新面對簡報這件事情。我開始發現，我幾乎犯了所有不好的簡報所具備的缺點，其中最大的缺點就是「我沒有把這個簡報讓別人覺得簡單易懂」，也因為這個事件讓我開始重新思考，有沒有更好的方法可以把簡報做得更好。

事後我完整的分析這一場簡報，有三個最致命的問題：第一個是想講的太多，第二個是簡報內容沒有邏輯，第三個是無法讓聽眾感興趣。後來我根據這三個缺點，並研究了很多非常好的簡報範例後，整理出一個「說服式簡

▌簡報上場前的自我檢查

簡報常見錯誤檢查表	
錯誤1：是否把PPT當WORD，把文字直接貼在PPT上？	☐
錯誤2：是否有中英文錯別字？	☐
錯誤3：是否重點太多＝沒重點？	☐
錯誤4：是否配色或對比不清？	☐
錯誤5：是否頁數太多？	☐
錯誤6：是否圖表太複雜？	☐
錯誤7：是否動畫太多圖形複雜？	☐

報六大元素：NFABER」。後來我運用這個框架，不斷的在商務簡報場合進行驗證，後來得到德國漢諾威經銷商簡報與新產品年度訓練評比為「最想再聽一次」第一名，多年後也將此框架設計成為一門課程，現在仍然是許多企業的銷售部門認為非常有效的B2B說服式簡報課程。

我學習到，如果你可以把複雜的東西講得簡單易懂，別人就會更容易認同你要傳達的訊息或理念，賣弄專業術語只會讓你的聽眾遠離你。簡單來說，越簡單，力量越大。

簡單，
才是最有效的方法

　　功能完備的系統通常都非常複雜，然而在大多數情況下，我們只用到整套系統中的一小部分，為什麼會如此呢？因為大多數的系統中並沒有內建一種機制，以確保可以刪除多餘的功能，所以系統只會越來越大而不會變小。我的經驗是，重新設計更簡單的程序，往往比簡化現有系統來得更容易；而簡單之前是真正的不簡單。

　　要把某個主題講得非常簡單，必須對這個主題有非常深刻的理解才能夠做到，所以你必須花非常多的時間去理解。換言之，我們要付出更多的心力，才有辦法讓事情變得更簡單，所以在這個世界上，把複雜變簡單永遠有商機。那麼要如何化繁為簡？以下提供八個簡單的方法。

▌化繁為簡的八個方法

一、刪除某個要素	什麼要素無法增加價值？
二、合併或取代步驟	什麼作業可以結合？
三、截取菁華	什麼是最重要的步驟？
四、重組	理想中的簡單程序是什麼？
五、模組化	哪些小單位會被重複使用？
六、換人做做看	這次要交給不同的誰來做？
七、把複雜的事情分成較小單位各個擊破	如何將問題拆解？
八、願意捨棄什麼以成全簡單	如何排定正確的優先順序？

刪除某個要素

如果這個要素無法增加價值，只會增加複雜度，就把它刪除。

合併或取代步驟

將作業結合，可以更有效率。例如過去客戶需要接觸不同的部門才能夠得到想要的答案，我們就可以試著將作業結合，讓不同部門的窗口集中到一個窗口或是進行取代，將某個人取代各個部門的窗口，讓客戶可以從單一窗

口就得到答案。

截取菁華

截取操作概念的菁華，常常是在簡化作業程序中最重要的方法。

我們可以將所有的操作程序進行重點步驟的擷取，只完成重要的步驟。這裡的重點在於搞清楚哪些步驟究竟要達成什麼目標？這些步驟存在的理由是什麼？

重組

把所有程序重新設計，例如要從實體商店轉換成線上銷售，就可能不是以現有的銷售流程進行簡化，還是要重新設計一個適合網路購物的流程。這時可以想像一下，理想中的簡單程序應該是什麼樣子？再從理想中的程序重新設計。

模組化

將複雜的任務分成幾個較小的單位，可以隨時將這幾個小單位進行不同的組合。產品也可以進行模組化，以方便重新設計或者是彈性生產。

換人做做看

同一個團隊長時間面對同一個程序，就會變成習慣很難改變，可以試著把這件事交給另外一批人，看看會有什麼結果。

把複雜的事情分成較小單位各個擊破

將複雜的任務分成若干小任務，或者是將複雜的事情模組化，不但能夠更容易完成，更能夠清楚掌握每個小任務，當把複雜的事情拆解成數個小問題分開處理也會比較容易解決。

願意捨棄什麼以成全簡單

功能完備的系統通常都非常複雜，然而在大多數情況下，我們只用到整套系統中的一小部分，為什麼會如此呢？因為我們無法取捨。

這個系統到底是為了客戶設計？還是為了操作者而設計？這個產品到底是為了安全？還是為了美觀？如果必須在設計上有所取捨，最好一開始就排定正確的優先順序。

X計畫
打造人生黃金交叉線的轉機與關鍵

化繁為簡前的準備

　　化繁為簡之前，要先想想兩個主要的問題：

1. 我們到底為什麼要這樣做？
2. 如果我們這樣做可能會產生哪一些優缺點？

　　我認為要真正做到化繁為簡，必須要對某件事了若指掌，把一件事情徹底搞懂。如果你願意投注大量的時間精力及資源追求簡單，肯定能夠成功。而要追求簡單，你甚至要有勇氣不惜從頭開始。我的經驗是，「重新設計」更簡單的程序，往往比「簡化現有程序」更容易。只要在小事情上做些微的改變，累積起來就可以讓整件事情簡單許多。

　　工作上我們希望簡單，生活上何嘗不是如此？只有任何時候自問「真正重要的是什麼」，才能促使自己下定決心追求簡單過生活。

從聚焦一件事
開始練習

　　每個人一天的時間都相同，為什麼有些人可以做得更多？成就更大？賺得更多？擁有更多？答案在於，他們聚焦在最重要的核心上，只做最核心的那件事，忽略其他非核心的事。

　　這表示你必須認清並非每件事都一樣重要，你要做的就是，找出最重要的那一件事，做到九十九分甚至一百分。然而多數人做的卻正好相反，他們在行事曆和待辦清單裡填入太多東西讓自己不堪負荷，最後只好退一步降低標準，把每件事都只能做到八十分。

　　成功的人會專注在自己的強項上，只做自己真正擅長的事，並且將需要但是不擅長的事外包。我們明明知道聚焦一件事如此重要卻做不到，到底是什麼原因？

　　我要做的事情太多了。

X計畫
打造人生黃金交叉線的轉機與關鍵

> 每件事情都非常重要。
> 我無法拒絕別人。

你無法滿足每個人的需求,請先想一想哪些需求不是非做不可,例如有同事請你幫忙,如果你手邊真的還有非常多的工作,就委婉的拒絕吧!我相信如果你能夠清楚解釋自己的狀況,大部分人都能夠理解。

股神巴菲特曾說,成功人士和超級成功人士的差別是後者幾乎能對任何事都說「不」。如果人生要練習聚焦,以下三個關鍵概念非常重要:

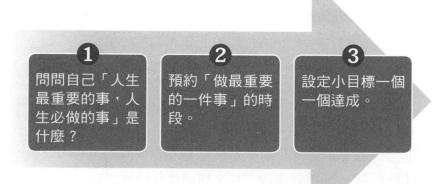

❶ 問問自己「人生最重要的事,人生必做的事」是什麼?

❷ 預約「做最重要的一件事」的時段。

❸ 設定小目標一個一個達成。

問問自己「人生最重要的事，人生必做的事」是什麼？

　　找到之後，就必須替自己設想目標、設定方向，不然工作就沒有重心。每天在開始工作之前請先思考：「今天最重要的事是什麼？」

　　如果有好幾件事都非常重要，請強迫排序，直到最重要的事排在第一位。對於其他的事請懂得說「不」，而且告訴自己「不是現在」，直到你把最重要的那件事做好。

預約「做最重要的一件事」的時段

　　請在行事曆上先預約這個時段，並且要盡全力保護這個時段。每一件事情的切換都需要一點時間進入狀況，切換任務多付出的時間就是你的成本，切換到另外一件事花的時間越多，越不可能重回原來的事，沒完成的事會越積越多。

　　那麼到底要如何聚焦？如何選擇最重要的事？有個簡單的思考邏輯可以有所助益，那就是：

　　做了哪件事之後，其他的事就會變得比較容易，甚至不用做？

X計畫
打造人生黃金交叉線的轉機與關鍵

夢想可以很遠大，但是目標的設定卻要合理

　　大目標是一個個小目標的累積，只要小目標一個個達成了，就會提高自信心。從「做了哪件事，其他會變得比較容易，甚至不用做」這個問題，我們可以從現在開始思考自己的未來：

◆ **日目標**：根據我的日目標，今天最重要的是哪件事？
◆ **周目標**：根據我的周目標，這個星期最重要的是哪一件事？
◆ **月目標**：根據我的月目標，這個月最重要的是哪一件事？
◆ **一年目標**：根據一年目標，今年最重要的是哪一件事？
◆ **三年目標**：根據三年目標，未來三年最重要的是哪一件事？
◆ **五年目標**：根據五年目標，未來五年最重要的是哪一件事？
◆ **十年目標**：根據我的人生目標，未來十年最重要的是哪一件事？
◆ **人生目標**：我的人生最重要的是哪一件事？

　　人生不會完全按照劇本走，你也一定不會完全按照原本的計畫走，途中會發現很多突如其來的狀況，所以在過程當中，你會遇到很多時候必須要調整方向，你可能不會一次就達到所要的結果，只需要逐步調整至最佳狀態。

培養把一招
練一百遍的毅力

　　李小龍曾經說過:「不怕一個人會一百種功夫,只怕一個人把一招練了一百遍。」好的功夫需要速度力量技巧,練一百種功夫,每一種都是淺嘗輒止,終究不能實戰,不過如果把一招練一百遍往往可以一招斃命,思考也是如此,如果對一個領域進行深度思考,一直不斷的練習這個領域的思考,就會成為這個領域的專業。

跟大師學方法

　　日本管理大師大前研一剛進入麥肯錫的時候,了解到身為顧問必須在短時間內為客戶分析問題並且提出對策,在找尋學習材料的過程當中,他發現一個思考框架,也就是問題分析與提出對策的大綱,找到這個大綱之後,他必須進行練習,簡單說,他需要練習出在短時間進行問題分析與提出對策的能力。

那麼他怎麼練習呢？大前研一透過每天二十八分鐘在電車上做思考練習。

他每天都需要搭電車上班，他把搭車第一眼看到的廣告作為當天的練習題目，利用二十八分鐘的車程思考問題解決方案。

例如他看到一則食品廣告，大前研一就會將問題設定為「如何擴大這個品牌的市場？」在電車抵達公司前，他就可以思考出「目前這個廣告是否能夠增加銷售業績」，以及「換另外一種方式進行廣告是否會更好」等問題，久而久之，從一開始的每天的二十八分鐘只能思考一則廣告，到每天二十八分鐘可以同時思考多則廣告，經過長達一年的電車思考訓練，只要客戶一提出問題，大前研一都能夠快速在腦中形成解決方案。

在真實的企業環境中，如果你想成為行銷專家，除非是在廣告公司，每天都有不同的行銷廣告練習，不然在大部分的企業中，只有推出新產品時會進行新產品企畫。如果今年只有十個新產品，就只會操作十次，這樣子的練習就會太少，所以我們需要額外創造練習機會，例如觀察捷運中或路上的不同廣告，讓自己可以有更多練習。

以專業的等級要求自己，才有機會成為專家。

堅持一件事一百天

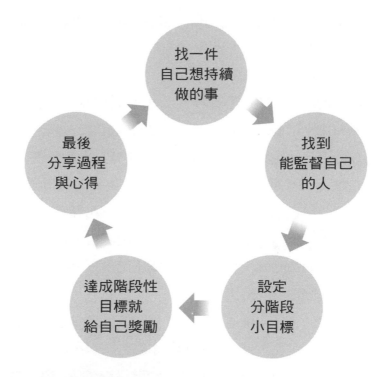

　　我每年都會為自己定一個一百天的專案，每年都會執行不同的專案。二〇一五年我做了「功夫語錄」，每天早上我都會用半個小時的時間思考過去這段時間做過什麼樣的事，看過什麼樣的文章，並在其中萃取一句話，這句話我會寫成自己喜歡的一句話，未來在任何時間回顧到這句

話，我都能夠激勵自己，而「功夫語錄」我總共完成了
一百句話，完整分享在我的部落格上。

　　以下是我很喜歡的十句功夫語錄：
◆ 不斷前進的人，總是不斷創造自己被利用的價值。（功
　夫語錄 94）
◆ 不要認為自己做了沒用就不去做！這是在為自己找藉
　口！（功夫語錄 81）
◆ 世上沒有一件工作不辛苦，唯有自己真正努力盡力了，
　才有資格說自己運氣不好。堅持住，成功就在不遠處！
　（功夫語錄 72）
◆ 累死你的，不是工作，而是工作方法！（功夫語錄 66）
◆ 成功的路上並不擁擠，因為堅持的人不多！（功夫語錄
　52）
◆ 一生中，你能尊重多少人，就有多少人尊重你！一路
　上，你能幫助多少人，就有多少人幫助你！（功夫語錄
　47）
◆ 很多人都想要尋找到有發展的環境，其實最重要的是做
　出有發展的自己！（功夫語錄 22）
◆ 「當你願意相信自己，奇蹟就會發生！」（功夫語錄
　15）

X計畫
打造人生黃金交叉線的轉機與關鍵

◆ 成功的人常常是主動先幫對方的人，而不是常期待對方
主動幫自己的人。（功夫語錄09）

◆ 「潑冷水是別人的自由，堅持下去是你的自由！」（功
夫語錄07）

在二〇一六年我又在想，怎麼將一句話變成一段
話，這一段話我就結合了自己的專長「創新」。創新是一
種思考的方法，我希望通過小故事或者表格工具系統化的
跟大家分享與學習，我把它叫做「創新工具箱」，這是我
在企業培訓中常用到的工具。我也在二〇一六年通過一百
天完成了一百個工具與觀點，也完整分享在部落格上。

到了二〇一七年，我又啟動了新的一百天專案，我把
它設計成「功夫快讀一點」，那就是挑戰一百本書，每讀
完一本，我就節錄約一分鐘的重點文字內容，我把它叫做
本書最重要的一點，所以「快讀一點」就是很快的讀到書
中最重要的一點，並持續在粉絲團進行分享。

我發現，如果持續做一件事情，只要一中斷，我就會
覺得非常不習慣。所以如果你不這樣持續要求自己，是不
會讓自己持續進步的。

用最菁華的一小時
做最重要的事

一位名叫佛蘭克林・費爾德的人曾精闢地說過這麼一句話：「成功與失敗的分水嶺可以用五個字來表達——『我沒有時間』。」

別讓沒時間成為怠惰的藉口

很多人會有早上賴床的習慣，而我是在二〇一一年創業，創業前，有十五年的時間，我由一個專案經理、一個設計師、一個工程師，轉換成產品經理，接下來做銷售、行銷。這十五年我曾造訪三十個國家以拓展事業。為了在這麼忙碌的狀況裡空下時間思考跟計畫。九年前我就堅持每天五點起床，通常五點到六點半是我一天中最菁華的時間，所有最重要的思考跟計畫都會在這一個半小時之內完成。

寫書是我人生中最重要的一件事，二〇一五年就在這

X計畫
打造人生黃金交叉線的轉機與關鍵

每天一個半小時時間的累積，我完成了自己人生第一本書叫《不懂這些，別想加薪》，這本書用了十個月，就是每天在早上堅持一個半小時所完成。二〇一六年我又完成了人生的第二本書《左思右想》，主要談的是左腦的邏輯思考和右腦的創新思考，這本書同樣也是我在二〇一六年用早起的時間完成。所以我相信，每個人都可以找到一天中最重要的一個小時，做自己想做的一件事！

如果沒有早起這個習慣呢？我覺得至少你可以在一天當中選擇一個時段，閉上眼睛進行專心思考。我會在辦公室把所有的社群軟體全部關閉，讓眼睛開始「進棚」，開始讓自己專心思考。另外一方面我會把專心思考的時間跟跑步結合，跑步的時候我常會出現很多的想法，所以專心思考是保持持續進步的一個很重要的習慣。

曾是亞洲首富的香港紅頂商人李嘉誠在演講中說到，他有一個自學的好習慣，那就是把英文單字抄在小卡片上，利用工作的空檔進行背誦。每天下班之後，他捧著一本「辭海」，不斷地閱讀來盡可能拓展自己的語文造詣。他認為想當一個好的管理者，最重要的是得先做好自我管理。

他也分享自己的讀書方法，他會在每一季選定一個主題，例如這一季專門讀歷史，下一季專門讀科技。我覺得

這是非常棒的方法，因為可以不斷輪動主題，而且可以在這個主題上進行深度且廣泛的閱讀。甚至李嘉誠在接受香港電視台訪問的時候，他每天早上一定是六點之前起床，然後聽英文的新聞，了解世界上發生了什麼事。

利用獨處靜心審視自己

獨處通常會切斷一切干擾，只做自己想做、很喜歡做的事情；獨處是一種能力，更是需要練習，真正拉開你與他人距離的，正是這短短的獨處時光，如果你能夠有高品質的獨處時光，就能讓你的生命飽滿而具有意義。

獨處時光是每個人生命中的留白，這些留白如何運用在你的人生，完全取決於自己。

▌ 自我對話的省思

我真正想做的事情是什麼？	
我想達到的目標是什麼？	
我現在離目標還有多遠？	
我遇到了什麼困難？	
我要如何做才能達成我的目標？	

X計畫
打造人生黃金交叉線的轉機與關鍵

　　心理學對於獨處的觀點是，人之所以需要獨處，是為了進行內在的整理，只有經過這個整理的過程，才能夠消化所有外來的事務，成為一個自我獨立的成長系統。

　　如果我們能夠很有自律的獨處，靜下心跟自己對話，思考如何讓你的生活有目的、有計畫的前進，才能夠創造自己的未來與人生價值。

　　很多時候我們會很羨慕別人的成就，其實那是他人犧牲無數的安逸換來的。在羨慕別人成功的時候，不如想想那是對方犧牲多少無數的時間換來。我們應該問自己：「我想得到什麼？我願意為此付出多少努力？」

　　你是否早就厭倦每天打卡，被工作任務壓得喘不過氣，被老闆嚴格監控的生活？你甚至幻想著一定要辭職成為自由工作者，就可以每天睡到自然醒。每天睡到自然醒是一般人對自由工作者常見的迷思，當我們不再被老闆緊迫盯人、不再需要打卡，在沒人管的狀況下，我們要負責的就是自己。相反地，我們需要更自律才能夠謀生。

　　小說家村上隆常常說：「我不太喜歡工作，所以要趕快寫好才能夠出去玩。」站在什麼起點不重要，你要到哪裡去才重要，自律是成功的不二習慣。

應用「減法」練習簡單專注

　　如果有兩位醫生，一位是「什麼病都可以找的醫生」，以及一位「專治耳鼻喉科的醫生」，當感冒的時候，你直覺會先找哪位醫生？相信很多人對於「專門」、「專家」、「特別」等這類定位與特色非常清楚的人或是企業，具有比較高的信任感。

　　競爭越來越激烈，很多人希望學習多種技能，很多企業紛紛朝向產品或服務多樣化，很多產品不斷增加許多豐富的功能，希望透過越多的選擇，讓個人價值或企業營收隨之成長，然而以「加法」經營的企業很容易讓資源分散，模糊核心價值，不管企業或是你，不妨學習蘋果的「減法」邏輯，將產品的核心價值做到最好，朝向無可取代的定位與價值邁進。

　　如何應用「減法」原則呢？我們可以從以下三個問題開始：

X計畫
打造人生黃金交叉線的轉機與關鍵

什麼是我最有價值的事？

在你所從事的工作環境當中，哪件事對這個環境最有價值？例如將最新的技術整合，或是得到客戶的信任。

什麼是我最獨特的事？

在你從事的工作流程當中，哪一個環節非你不可，只有你能夠做到？例如整合資料進行判讀，或是為產品說個故事。

什麼是我最樂此不疲的事？

在你做過的事情當中，有哪件事你願意即使熬夜、額外付出許多時間，仍然心甘情願？例如美工設計或是行銷企畫。

這三個問題的答案分別代表三個圈圈，每個圈圈內可能有好幾個答案，但是三個圈圈所交集而成的答案，可以幫助你化繁為簡，找到人生的定位，經營自己的職涯與人生。

▌X計畫人生成長設計工具二
我的X價值：找到人生的定位

什麼是我
最有價值的事？

什麼是我
最獨特的事？

什麼是我
最樂此不疲的事？

原則2單元練習

1 想要的越多，越要學會放手，不要每件事都抓在手上，學習只做非我不可的事，大膽放手你才會抓住更多。只看你能不能捨、願不願意捨，而不是拚命想把每件事都做完，你才能夠真正享受你想要的生活。每個階段什麼是最重要的，一定要逼自己好好思考。

在20個「我的夢想清單」與10個「我的斜槓多元身分」裡面，請依照輕重緩急與喜歡程度進行排列，反覆的自問自答「如果時間資源有限，什麼是我絕不放棄的？哪些是我該捨棄的？我的優先順序是什麼？」請寫下你的排列順序。

2 「做好最擅長的事，做好喜歡的事，比什麼都做更有意義。」請列出「5件你做過的豐功偉業？你覺得自己最獨特最厲害的是哪一個？」

----

3 應用「減法」原則思考自己的核心價值。在你所從事的工作環境當中，請運用「我的X價值」工具中思考出「哪一件事是你能夠產生最大價值、非你不可、只有你能夠做到？」

原則 **3**

改變規則

我們需要學會將一件事情
Zoom-In 再 Zoom-Out，
也就是靠近看，再拉遠看。
常常做這樣的觀察與思考就會發現，
整個事情的結構可能出現許多問題，
這時我們可以試著
提出新的結構解決問題，
發現連顧客都沒想到的解決方案。

第一次就是最好的
改變機會

　　東海大學工業設計系畢業之後，一開始我都是從事產品設計師的工作，經過不少的磨練後，也很幸運得到了產品優良設計 G-DESIGN，產品外觀設計對我來講，已經是我的專業。可是後來漸漸覺得，每一次參與的新產品會議，我都只能討論產品外觀的設計，但我對於行銷、產品定位，以及通路銷售等議題非常有興趣，也就是說，我希望除了產品的外觀設計之外，我更希望能夠決定整個產品的走向，包含產品的定位、產品從內到外的規格、產品上市計畫，以及產品與通路管理等。於是在每次新產品會議上，我都會試著提出對於這個新產品在行銷定位銷售上的觀點與建議。

　　有一次剛好公司的產品經理離職，總經理與副總經理便提出希望我嘗試看看產品經理的工作，我很感謝總經理願意讓我嘗試這一個職務的轉換。

　　擔任產品經理之後的第一個任務，總經理便拿一個競爭對手賣得很好的產品給我參考，希望我與團隊能開發一個類似的產品。

　　那個產品是一個咖啡廳的上網裝置，在二〇〇二年的時候，上網不像現在這麼方便，有很多人到咖啡廳上網，咖啡廳也會希望用上網吸引顧客上門。當時有一個世界級的領導廠商做出了第一個設備，可以幫助旅館以及咖啡廳控制上網時間，但是售價高昂，設定與操作也很繁瑣，當總經理拿這個產品給我的時候，希望我能夠將成本降低一半，也就是以一半的售價開發產品進入市場。

第一次就要想辦法做出成績

　　除了成本之外，當時我對這個新產品應該如何定位？如何找出產品的特色？如何設計符合客戶的需求的產品等議題更有興趣，於是除了接下這個任務之外，我也主動提出希望能夠做市場調查，了解客戶的需求後再進行新產品的設計。

　　當時總經理表示，因為市場需求很緊急，希望我能夠直接針對競爭對手的規格為範本快速的修改，不需要做太多的市場調查。但是我還是希望總經理能夠給我一點時間進行客戶需求的調查，再完成產品規格的設定。

　　最後總經理給了我兩個禮拜的時間，剛好當時要去歐洲出差，於是我與團隊便運用在歐洲出差的時間進行市場調查，訪問了多家咖啡廳，回國時也在台灣地區進行咖啡廳的調查。

　　由於時間很短，我必須系統性的進行市場調查，因此我運用了「如何分析客戶需求」的思考架構，以便在面對客戶的時候，我可以在短時間內以提問的方式迅速收集客戶真實的想法，過濾出客戶真正的需求，找出需求背後的需求。

　　在這麼多家咖啡廳當中，我們團隊發現了一個問題，就是普遍來說，咖啡廳都希望用這個設備提供上網服務，吸引客戶進來喝咖啡，因為邊喝咖啡還可以邊上網是當時增加咖啡廳業績的新方法，但是最大的問題就是，咖啡廳一旦提供上網之後，很可能會導致消費者進到咖啡廳之後，點了一杯咖啡便坐在咖啡廳一天的時間來上網，所以雖然咖啡廳吸引了消費者進來，但是反而讓消費者坐更久，並不符合商業經濟效益。

從客戶需求找答案

　　在訪談的過程當中，咖啡廳的老闆希望能夠用很簡單的方式提供來喝咖啡的消費者一個可以計時的機制，我們

觀察到這個需求之後，發現競爭對手也可以做到類似的功能，但是需要非常複雜的設定以及架設伺服器，於是我與團隊開始思考，是不是可以用一種很小的裝置來取代複雜的伺服器架設。當消費者到咖啡廳之後，老闆可以輕易地運用這個裝置設定定時的帳號密碼，時間到了之後，帳號變自動失效。

後來我與團隊一起思考出一種方式，就是用一台迷你型的印表機放在咖啡廳的櫃檯上，這個迷你型的印表機上面有很簡單的按鈕，按一下便可印出小張的帳號密碼紙條給消費者，這個紙條上面的帳號密碼在設定時間到了之後便會自動失效，這樣子就可以不用購買昂貴且複雜的伺服器，任何一個小型的咖啡廳可以很簡單的買這個套件，就可以做到吸引客戶上網進來喝咖啡，而且可以控制消費者的上網時間。

於是兩周之後，我們便向總經理提出新產品企畫，但是當時印表機非常昂貴，差不多等於上網設備的費用，所以總經理幾乎立即否決這個新產品企畫，並請我們思考是否還有其他辦法，因為小型咖啡廳不太可能接受這麼高價的設備。當時我心裡覺得很失落，好不容易花了兩周進行客戶需求的調查，並非常興奮能夠找到一個獨特的解決方案，心裡巴不得能夠把這個方案完成賣到市場上，但在面

對高階主管的時候，我就是沒有辦法說服他們，於是我開始思考該如何說服公司高層。

　　第一個做法是改善新產品的提案邏輯，以站在客戶的角度思考這個產品的價值，以及從客戶選擇產品時，會如何將我們的產品與競爭對手的產品進行比較的方向來思考，第二個做法是與幾個關鍵客戶進行溝通，了解客戶是否願意買單這個新產品。果然第二次重新提案之後，加上客戶對新產品持正面肯定的態度，公司便通過了這個新產品提案。

　　總經理讓我們去德國漢諾威參展並製作一批樣品，而且還告訴我們，如果樣品賣不掉就證明沒有市場，就可能不讓這個產品上市。當時我在心裡想，就算把展覽當夜市叫賣，也要想辦法全部賣光。

　　於是我非常認真的準備德國展覽，當時我們把攤位布置成咖啡廳的樣子，希望能夠讓經銷商以及潛在客戶覺得這就是一個真實的咖啡廳。我們還做了一個吧台，展覽人員就在吧台後面，只要客戶來攤位，我們就問他要不要上網，並請客戶在我們的小台印表機裝置上按一下按鈕，印表機就會自動印出只有一個小時內有效的帳號密碼。只要拿到這個帳號密碼，客戶就可以在我們模擬成咖啡廳的攤位裡面坐下來跟我們聊產品並享受一個小時的上網。

　　透過這個方式，客戶非常驚訝竟然可以讓控制上網時間這件事情變得如此簡單，於是有很多的經銷商在現場直接下訂單買樣品，終於在現場展覽的最後一天，我們把樣品全部賣光。總經理聽到消息後也非常高興，並希望能夠乘勝追擊，回到台北 COMPUTEX 電腦展能夠參賽並得獎。

　　於是我便開始準備兩個獎項，第一個是優良設計獎，第二個是 COMPUTEX 最佳產品獎，很幸運的，在經濟部主辦的優良設計獎中，我們如願拿到了優良設計獎的獎章，而且在當年 COMPUTEX 所有參展的數百件產品當中，我們非常幸運地進到前十名，也就是拿到最佳產品獎 BEST PRODUCT OF COMPUTEX，獲得跟當年的總統合照的機會。

　　我每一次看到跟總統的合照，心裡都產生非常大的衝擊，當時要是沒有想辦法堅持這個產品的設計方向，如果沒有辦法說服公司經營團隊，便不會有這樣的一個成績。

做一百件事不如一件事嘗試一百次

　　只要心裡認為對的事情，你就應該要相信自己，只有先相信自己，才有辦法說服別人。很多人提案的時候，只要遇到問題或高層的否決，心裡不是抱怨高層沒眼光，就

是會告訴自己，反正老闆說了算，可是如果多年之後，這個產品被競爭對手做出來而且上市，你總是會告訴別人說：「你看吧，我好幾年前就想到這個想法，只是主管不答應。」用這樣的方法來告訴自己，殊不知這是為自己找理由。

以讀書為例，快速淺讀一百本書，不如找到一本好書反覆深度閱讀一百遍。與深度的好書相處，即使讀了一百遍仍有新意，能夠體會到更多。這個道理跟生活當中的人際關係一樣，與其跟一百個人點頭之交的往來，不如與真正值得深交的人相處的一百次，不如與真正喜歡的人約會一百次，才能夠更了解對方，更了解自己。

同樣的，在職場上，把一百件事做完，不如把一件事做好，即使嘗試一百次，不要下次，就是這次，一定要想辦法做出成績。

從瑣事中
看出改變的契機

ALEX 是一家知名企業的總經理，有一次在進行客戶訪談的時候，由於過程很順利，很快就結束了，他便在辦公室泡了一壺茶，我們的聊天轉變成比較輕鬆的談話。我對他這麼年輕當上總經理有很大的興趣，於是在聊天當中，我請他分享成功經驗，並問他在這家公司做的第一件最有成就感的事是什麼？他跟我分享一個故事。

系統整合的重要性

他到這家公司的時候，由於是新人，常常被不同的業務交辦很多事情，大多數都是跟客戶相關的事，每次做完被交辦的事情之後，他都會回報給當初交辦他事情的人。由於被交辦的事情很多，所以 ALEX 會建立一個小小的筆記本，記錄所有被交辦的事情是否完成，但是他發現到一件事，很多業務處理完客戶的事情之後，都只有跟客戶

口頭報告，常常會發生這件事是否完成只能靠記憶，而沒
有被記錄下來，所以大家雖然都很盡責完成客戶交代的事
情，卻常常忘了哪些事有做，哪些事沒有做？

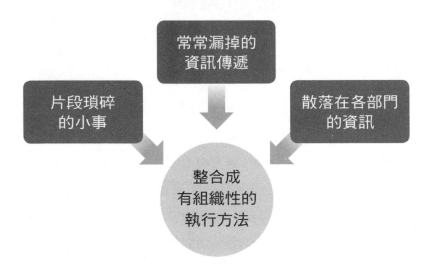

於是 ALEX 主動提出，是不是應該把所有客戶交辦的
事情統一記錄在一個地方並進行編號，除了不會漏掉客戶
交辦的事情，也可以一目了然目前完成的狀況，也可以讓
公司高層知道我們究竟在忙些什麼事情。

業務副總聽聞 ALEX 的建議後非常贊同，在實做一
個月之後，便向總經理報告這個客戶交辦事項一覽表的紀
錄，總經理知道後便對 ALEX 讚譽有加，也對他印象深

刻。

　　ALEX 說，後來這個一覽表就慢慢發展成一個客戶資訊系統，這是他在公司建立的第一個系統，後來藉由工作當中的觀察，他陸陸續續建立許多大大小小不同的系統，包含業務行銷、客戶服務、生產等。ALEX 笑說，他能當上總經理，有很大一部分的原因來自於他建立的這些系統。

　　我相信 ALEX 不是個案，在我之前任職的合勤科技就有一位我非常崇拜的主管，從到任之後，他就不斷地推動各種系統，讓公司對內和對外都能呈現出一種很有組織、很專業的跨部門合作。我對他的印象非常深刻，每次跟這位主管談話的時候，總是在他身上學到非常多，這種學習來自於一種對工作的高度與視野，我把它稱之為建立系統的能力。

　　系統，它是一種井然有序的執行方式，它不必然是資訊系統，不一定非得要程式設計師建立一個網站、軟體，或者是 APP，它可能只是一個表格，也可能是一種大家共同做事的方式，所以應該是一種系統化的操作。

改變遊戲規則的思考法則

改變遊戲規則之前，先要改變你的思考方法，以下四種是我認為很有效的思考方法。

第一種：重新定義

有時候我們改變一個想法就能夠改變自己的未來。例如我們是賣遊戲機的，我們可以重新定義為我們是賣快樂的；例如我們是賣機械設備的，我們重新定義為我們是賣工廠自動化的；若我們是書局，可以定義自己是賣書的，當然也可以重新定義為自己是讓客戶喜歡上閱讀的地方。這樣我們就不會只是書架上陳列書來進行銷售書籍，而是我們可以有特殊設計的閱讀空間，讓客戶來到這邊，喜歡上閱讀，我們也可以有讀者、作者交流的空間，讓客戶到這邊因為作者而愛上閱讀，我們也可以設計主題式尋寶遊戲，讓客戶從尋寶遊戲當中，愛上閱讀。

第二種：轉移到新領域

努力將某個領域的構想應用於另外一個完全不同的領域當中，這就是類推法。藉由尋找這個解決方案的新應用，你就可以開發一些新點子。

那要到哪裡尋找？你可以尋找在某個產業有效，但從未用在不同領域或應用的解決方案。

你可以採取一個在某個情況下有效的解決方案，然後看看它可不可以用來解決一個存在已久，但是一直無法解決的問題。例如，我們在搭飛機的時候，航空公司會為金卡等級的客戶，甚至是頭等艙的旅客設計專屬通道，這就是一個在某種情況下有效的解決方案。

回到我們自己本身，我們的服務常常讓客戶等候很久，這是一個存在已久但一直無法解決的問題，於是我們從航空公司的解決方案來看看它可不可以用來解決我們的問題。於是我們開始在服務中設計不同等級的客戶，設計專屬通道讓特別等級的客戶可以優先快速的被服務。

你可以從自己的解決方案著手，看看是否可以解決別人的問題？或者你可以用別人開發的解決方案，試著解決自己的問題。

第三種：
看到整個「結構」的問題後提出新「結構」

我們需要學會將一件事情Zoom-In再Zoom-Out，也就是靠近看，再拉遠看。常常做這樣的觀察與思考就會發現，整個事情的結構可能出現許多問題，這時我們可以試著提出新的結構解決問題，發現連顧客都沒想到的解決方案。

第四種：不是做得更多而是做得不同

不要把所有東西都強加在一個東西上，勝負的關鍵往往不是做了多少東西，而是做了多少「不同」的東西。

如果你是餐廳，當別人都強調「美味」，你就強調「快速」，這並不是說「美味」不重要，而是你希望在別人心中留下什麼。也就是說，「美味」雖然很重要，但是當所有人都強調「美味」的時候，你的「美味」可能就被淹沒了。下次當別人都強調「快速」，你就來強調「安心」。

▌ 改變思考的方法

方法	如何思考	我的思考結果
重新定義	我們能帶給客戶真正的意義是什麼？	
轉移到新領域	我的產品可以運用到哪個不同的領域？	
看到整個「結構」的問題，然後提出新的「結構」	以全局來看，真正該解決的問題是什麼？能解決問題的方法與步驟是什麼？	
不是做得更多，而是做的不同	我如何能夠做到與別人不一樣？	

X計畫
打造人生黃金交叉線的轉機與關鍵

改變遊戲規則的重點

　　如何改變遊戲規則？或是如何對現有流程現有方法進行改變？你可以從以下（P120）的表格進行思考，橫軸是改變的位置，縱軸是改變的方法。

　　什麼是改變的位置？這裡分成人、事、時、地，物，數，也就是改變可能發生在：

◆哪些人？例如男生、女生、小孩、老年人。

◆哪些事？例如申請流程、操作步驟、體驗方法。

◆哪些時間？例如早晨、中午時間、最忙的時間。

◆哪些地點？例如櫃檯、電話、網頁內、手機上。

◆哪些物品或內容？例如表格內容、開關，或把手設計。

◆哪些數量或次數？例如一周一次、每一百個數量。

　　什麼是改變的方法？這裡分成常見的幾種改變，幫助你進行以下的思考：

◆ 是否可以將零碎變完整？例如有沒有可能將零碎的方法整理成一套完整的方法？

◆ 是否可以將單向變雙向？例如有沒有可能將單向告知顧客，轉變為與客戶雙向互動？

◆ 是否可以將無聊變有趣？例如有沒有可能將無聊的文字變成有趣的動畫？

◆ 是否可以將複雜變簡單？例如有沒有可能將複雜的流程變成簡單操作的流程？

◆ 是否可以將困難變容易？例如有沒有可能將困難、難懂的技術名詞變成容易理解的說明？

◆ 是否可以將被動變主動？例如有沒有可能將被動等待客戶發生問題，變成主動提醒客戶預防問題的發生？

　　這個表格的設計可以幫助你進行兩個軸度的思考：

　　例如將「單向變雙向」與「事」進行交叉思考，就可以變成「將操作步驟將單向告知顧客，轉變為與客戶雙向互動」，你有沒有發現，進行交叉思考之後，會突然產生許多改變的方法。

X計畫
打造人生黃金交叉線的轉機與關鍵

▌ X計畫人生成長設計工具三
　我的X改變：交叉思考找出改變的方法

	人	事	時	地	物	數
零碎變完整						
單向變雙向						
無聊變有趣						
複雜變簡單						
困難變容易						
被動變主動						

原則3單元練習

1 「不改變，就不會失敗」很多人害怕改變，害怕做出決定，害怕失敗。明明不滿意現狀，卻還是不敢做出行動，最後錯過改變的最佳時機。

　　請寫下「這輩子我最想做的事情是什麼？我願意為夢想付出哪些努力改變自己？」

---

2 如何克服恐懼？「人生不是得到，就是學到」即使是摔一跤也等於換取到經驗，讓自己下次更好。

　　請列出「5件你經歷過的失敗經驗？如何從失敗中學習？要做什麼調整？」

----

3 如何改變現有環境、產品或服務的遊戲規則？或是如何
對現有流程現有方法進行改變？是否可以將零碎變完
整？將單向變雙向？將無聊變有趣？將複雜變簡單？將
困難變容易？將被動變主動？請運用「我的X改變」工
具中思考出「5件你想改變的遊戲規則？」

原則 **4**

逆向思考

世界上所有的事情都充滿對稱性，
凡事有優點必有缺點，
缺點背後也隱藏著優點。
針對每個點子往相反方向思考，
可能創造更好的點子，
隨時尋找可以利用和主流思維
完全相反的方向產生新的市場。

依樣畫葫蘆
難以找出競爭力

經過四年的內部講師經歷後，我已經確定往專職講師邁進，於是二〇一一年我離開合勤科技，那年我四十歲，創業成立管理顧問公司，希望以專職企業講師與顧問輔導當作營運的主要服務。

當時我心懷壯志，覺得自己懂很多管理理論也有許多成功的實戰經驗，一定可以成功闖出一番天地，但是我在跟一位好友、也是上市公司的副總談完之後，我發現事情沒有我想的這麼簡單。

別被一時的成功迷失方向

微軟創辦人比爾・蓋茲曾說：「成功是糟糕的老師，它引誘聰明人覺得自己不可能輸。」

我去辦公室找好友談我想創業的企圖心，最後請教他一個問題：「我是一個業界新人，沒有名氣，現在業界已

經有許多知名講師顧問了，客戶會選擇我嗎？」他笑一笑，用礦泉水理論來跟我說明。

他問我：「如果你走進一家便利商店，想要買一瓶礦泉水，在你眼前的是外觀一樣、價格也一樣的三瓶礦泉水，你會選哪一瓶？」

我說：「任何一瓶都可以吧！」

他說：「對，所以如果你做的事情跟其他講師顧問是一樣的，那你就跟這三瓶礦泉水一樣，客戶選擇誰都可以。」

他繼續問：「如果你進到一家便利商店，在你眼前的三瓶礦泉水有兩瓶是一樣的，但是有另外一瓶看起來外觀很特別，請問你直覺會先想選哪一瓶？」我說會選外觀很特別的。他說：「對，所以如果你能夠讓客戶一眼就看出你的特色在哪裡，你被客戶選擇的機會就會提高很多。」

他繼續問：「如果你進到一家便利商店，你運動完，在你眼前有三瓶水，有兩瓶是礦泉水，一瓶是運動飲料，你認為哪一瓶更能夠符合你的需求？」我說當然是運動飲料。他說：「對，如果你的產品跟服務是很專業的，就像運動飲料一樣，同樣是水，但是專門為運動設計，更能符合客戶需求。」

他最後說：「我不會找一個看似什麼都會的講師與顧

問，我會找兩種顧問，第一種顧問是我知道他很專精於某個領域，第二種顧問是他懂我的需求，以及能夠幫我解決問題。」

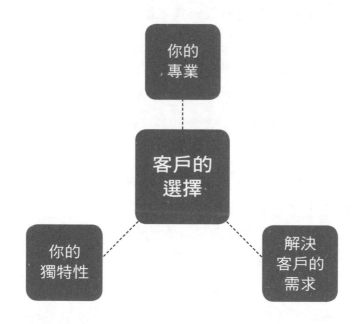

堅持自己的獨特性

離開好友的辦公室後，這段對話讓我反思了許久，我認為我首先應該要能夠確立自己的定位，也讓客戶知道我在某一個主題是專業的。

於是我開始研究市場上的顧問公司，將課程的主題以

及專門講該主題的講師全部列出來，我發現市場上最多講師講的主題是管理、溝通、服務三大主題，也就是說，這三個主題應該是市場主流，也很多人在講。有趣的對比是，最少人講的主題是「創新」。

如果是你，要怎麼選擇？我想到朋友的礦泉水例子，我要做運動飲料，於是我選擇了「創新」當成定位。

但是理想很美麗，現實卻很殘酷。痛苦的事情來了，在第一年，創新的課程量非常低，常常在客戶訪談進行創新課程提案的時候，會議現場客戶表達高度的興趣，但是卻不見訂單。好幾次我想要更改定位，往管理、溝通與服務三大主題走，主推非創新主題的課程，但是心中就是有個聲音告訴我要堅持下去。

所以，我開始在部落格大量撰寫跟創新相關的文章，反正也沒有課程、沒有訂單，有很多空檔時間，不管有多少人閱讀，我就是持續寫，按照自己認為對的方向寫。只要客戶想要上創新的課程，不管成交價多低，甚至是免費的分享會，我都接，我希望努力上好每一堂課，把每一堂課當成是最後一次上課，希望讓客戶與學員留下正面的評價。

三年後，有一次在跟世界知名領導品牌的客戶進行訪談的時候，我問客戶：「你是怎麼知道我的？」客戶說：

X計畫
打造人生黃金交叉線的轉機與關鍵

「我們只希望跟市場上在該領域最好的講師合作，透過Google搜尋以及上過你的課程的企業推薦，你是我們心中在企業創新這個領域認定的第一品牌，所以希望跟你合作。」

五年後，有一家新的管顧希望跟我合作，我問他們：「你們為什麼想跟我合作？」他們說：「老師，我們幾年前就想跟你合作了，這幾年來，我們常常向客戶提案創新的課程，但因為你是獨家簽約的老師，我們無法跟你合作，所以我們提案其他的創新講師，可是最後幾乎都被提案你的管顧公司搶走，現在可以跟你合作了，所以我們一定要把握機會。」

六年來，由於專心耕耘這個定位，連續六年在Google搜尋「創新講師」，我的排名都在第一名，當時我選擇人少的路走，很慶幸自己有勇氣挺過前兩年不穩定與不確定的低谷，從第三年開始有一點成績，持續堅持到現在，客戶指定的比例逐年攀高。這驗證了一件事：勇氣可以讓你開始走，堅持才能讓你走完全程。

越害怕越有機會

勇氣通常意味著機會來臨時的選擇。

你的公司希望發展新興國家的市場,需要找一個人到新興國家去,薪水很高但是需要離鄉背井,也不知道這個新興國家到底做不做得起來,這個機會你害怕嗎?

你的公司希望其中一個新的產品線能獨立出來成立新單位,福利薪水可能沒有現在好,但是未來前景可期,這個機會你害怕嗎?

你的公司希望從目前最穩定的客戶專案中,抽調其中一個團隊開發另外一個大客戶,獎金誘人但是不一定會成功,這個機會你害怕嗎?

機會總是伴隨著危機,遇到這種機會,如果你問周遭的朋友,大部分人會選擇安全至上,只有少數人會願意承

擔風險，因為大家跟你一樣害怕。

你有勇氣面對機會挑戰自己的恐懼嗎？當你有一天告訴大家，你要創業了，或是你決定接下上面所說的機會，一定有一堆人告訴你：「你確定嗎？」也一定會有一堆聲音告訴你：「不能做，因為一百個創業只有一個會成功」。

勇於承擔風險

在日本，「一份工作、一間公司、做一輩子」的觀念已經逐漸不在。

大多數的人被問到：「你為什麼不跳下來創業？」答案通常是，「需要一份穩定的工作」、「害怕沒有薪水」、「風險太高」等，也就是說，大多數人都是風險趨避者，而企業家則是風險接受者，他們勇於面對風險；他們知道，沒有風險就沒有相對的報酬。

不要只是停留在舒適地帶，在探索與創造人生的過程當中充滿了風險，跨出舒適圈之後，會有很多原本你不喜歡做的事接踵而來，要學會接受不喜歡的事情，時時提醒自己回到初衷。

不要期待會有一個組織能夠照顧你一輩子，不要期待你會在安全的地方終其一生，這個世界變化太快，不再是

過去的穩定市場，要為自己的人生負責，你必須勇於投資自己，不斷擴大你的世界，機會就會越多。

現在這個世界不是人人都想創業，但是人人都需要有創業家精神，你必須學習如何過一個具有創業思維的人生，以創業思維經營你的職業生涯。不經常冒險，就等著在未來的某個時間點被淘汰。

人生就是一段一段持續冒險的旅程，我們需要在旅程當中學會從容接受各種衝擊的能力。每個機會和職業生涯的改變，都有相對應的風險，在人生旅途中，每一個人都是冒險者，只是冒險的程度不盡相同。很多人以為把風險降至最低的穩定工作就是最安全的，然而，在「唯一不變的就是變」的世界裡，這反而是最危險的做法。

想做的事，做起來會開心的事，應該「現在」就去做。如果你想做的事都是「等到以後」再做，那麼你的人生最美好的時光都在做「不是最想做的事」，等你老了，可能也做不動最想做的事了。

那麼，該如何評量風險呢？我們不必用花俏的風險分析模型評估與管理風險，也不必用精準的量化分析，只要能夠列出可能的風險，並自問：「最壞的狀況是什麼？我能承擔嗎？」就可以幫助你快速衡量機會的風險大小：例如，你想創業，可能要自問以下幾個方向：

X計畫
打造人生黃金交叉線的轉機與關鍵

▌ 以最簡單的方式評測風險

可能的風險	最壞的狀況	我能承擔嗎？
初期沒有薪水 晚上還需要工作 周末無法休息 每個月需要擔心下 個月有沒有收入	連續12個月沒有薪水	可以

　　有些人無法接受還沒找到工作就辭職，有些人為了創立公司可以接受放棄好幾個月的收入，每個人能承受的風險狀況不一定，但是我們在面對機會的時候，第一個問題就是：「萬一最壞的狀況出現了，我能承擔嗎？」從最壞情況反向推估，並與值得信賴的親友一起討論，找出可行解決方案，如果答案是「可以」，那就應該勇於冒險。

敢做出與常人不一樣的決定

　　在承擔風險的過程中，你也要勇於承擔與眾人看法不同的風險，例如當你找了一個薪水比較少，但是學習機會比較多的工作，大多數人認為那是一個沒什麼前景與錢景的工作；相對的，當你遇到的工作機會正是媒體大肆報導的領域時，大多數就會認為那個行業一定是前景一片看好，而且風險很低。

　　在發展 X 計畫的第二條線時，意味著你可能準備轉換跑道，由於許多人在第一條線經歷了成功的上半場，於是在發展第二條線轉換跑道過程中一旦遭遇挫敗，就會覺得特別難堪，甚至想要立刻躲回原來的熟悉領域，這個時候有三種心態需要學習：

一、要開始學會能夠給予自己犯錯的空間。

二、對於承認自己的問題，也適時請求他人給予支援，也是很重要的學習。

三、學會原諒自己，鼓勵自己。

　　只有具備這三種心態，才能夠讓自己轉換到更好的人生下半場。

　　成功的方式千百種，有人開創新局，有人先模仿後改善，其實你完全無法複製他人的成功經驗，不要完全相信書上的案例和故事，因為那是別人的經驗，別人用這個方式成功，不代表你用這個方式也能，別人因為這樣失敗，不代表你也會因為這樣而失敗。

　　唯有早點付諸行動，早點嘗試，早點失敗，然後快速修正，才能得到自己的經驗。

利用逆向思考法
找出新點子

　　逆向思考法是指和一般認知完全相反的思考方向，許多人會毫不察覺自己陷入慣性思考，而逆向思考會把你帶到一個可能有原創好點子出現的新世界。

　　有一次在我與台科大盧希鵬教授同台演講的場合當中，盧教授鼓勵年輕人，如果要讓自己培養能夠不斷有創意的習慣，就是「只要被大量報導出來的事情一律不要做」，不然你就會跟別人一樣，只能做跟風模仿、抄襲、落後的事情，所以創意的習慣就是：「與其觀察大家『都在做』什麼，不如觀察大家『沒做』什麼。」

　　世界上所有的事情都充滿對稱性，凡事有優點必有缺點，缺點背後也隱藏著優點。針對每個點子往相反方向思考，可能創造更好的點子，隨時尋找可以利用和主流思維完全相反的方向產生新的市場，要採取對策法進行翻轉，可以運用以下的步驟：

第一步：試著將現在的做法，以一個步驟一個步驟的方式
　　　　寫下來。

第二步：嘗試將整個過程翻轉過來，或者是將其中某一段
　　　　翻轉過來。

第三步：看看是否會產生新的點子或觀點。

　　例如：

◆目前做法：客戶跟我們簽訂服務合約，有八成以上的客
　戶每年會繼續續約，結果每年重新詢問客戶是否需要續
　約？然後進行續約的動作。

◆翻轉之後：第一年簽約的時候，合約設計成每一年自動
　續約，如果客戶不想續約，可以隨時提出解約。

▌以逆向思考找出新做法

步驟	思考內容
第一步： 現有做法	年約到期 → 確認客戶是否續約 → 續約
第二步： 可以翻轉的部分	第二個步驟的「確認客戶是否續約」翻轉成「確認客戶是否不續約」
第三步： 產生新的點子	合約設計成每一年自動續約

你可以**翻轉**一個產品或服務，然後看看主流市場是否存在一個可以以相反方向提供服務的機會。

例如，長久以來大部分的商品都是賣方出價，這是屬於主流市場，我們可以看看如果以相反方向，也就是買方先出價，是否存在這樣的機會提供我們的服務。

找出自己跟其他人不一樣的看法

印度有一家電影院，常常有很多戴帽子的婦女去看電影，因為帽子比較高，所以會擋住後面觀眾的視線，很多觀眾紛紛投訴電影院，建議電影院應該要貼出公告，明令婦女禁止戴帽子入場看電影，電影院經理也很無奈，如果真的禁止，可能會流失很多的婦女觀眾，但是不禁止又有很多觀眾抱怨，怎麼辦呢？

幾天之後電影院經理想出一個方法，在電影正式放映之前，在螢幕上投出一則通告：「本院為了照顧衰老有病的婦女，特別允許她們戴帽子入場，在放映電影時不必摘下。」結果通告一出，所有女性觀眾都紛紛摘下了帽子。

很多問題不必然要直線思考，如果從反面思考，往往會使問題獲得創造性的解決，這是逆向思考。例如，一般人認為「快」就是好，逆向思考就是強迫你思考，如何做到「慢」就是好。例如，一般人認為「追求市場主流」就

是好，逆向思考就是強迫你思考，如何做到「追求市場非主流」就是好。

如何練習逆向思考法？以下表格可以幫助你找出自己：我的什麼看法跟其他人不一樣？

▎X計畫人生成長設計工具四
我的X逆向思考：訓練自己的逆向思考

目前主流的 看法與做法	相反的 看法或做法	我想怎麼做
周末旅遊到處走馬看花	單點深度旅遊	我想結合在地特色，推出一日農夫的體驗旅遊行程
六周學會插花	三小時學會	我想推出「三小時設計出你的第一個插花作品」的課程

挑最難的事去做

我們常常要把目前手頭上的工作列出來，然後決定哪些事要先做，哪些事要晚點做，大部分人都是運用排序的手法，也就是將列出來的任務由上而下依序排列，而我喜歡畫一張圖，關於影響程度與難易程度的矩陣圖，把要做的事放到這四個象限中進行評估。

矩陣圖的縱軸是難易程度，從容易到困難，也就是說這個想法容不容易執行？我們是否已經擁有必要的技能，可以在低成本或低風險的狀況下快速進行？

矩陣圖的橫軸是影響程度，影響程度低到高，也就是說如果我們實現這個構想會得到什麼回報？這樣做對我們的人生會不會造成重大影響？

你會發現，在影響程度小與難易程度容易的象限當中的事情都是屬於舒適區，真正會產生重大改變的構想，通常會出現在影響程度大與難易程度困難的象限當中。

▋ 矩陣圖的應用

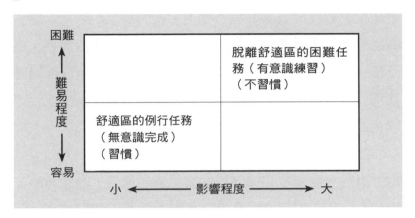

最難的事不存在舒適區

　　到 KTV 唱歌，可以很輕鬆很自在的找自己喜歡的歌來唱，即使高音唱不上去、破音了，大家笑一笑也就算了。但是如果你要參加歌唱比賽或成為專業的歌手，你需要尋找一個困難的任務，例如要挑戰高音。選擇這個困難的任務之後，你必須在舞台上唱高音而不能破音，而且你會非常緊張，整個訓練的過程一定是用你不熟悉甚至不舒服的方式進行。

　　任何專業的練習都代表你必須要脫離舒適區，而且可能要用自己不喜歡的方式大量訓練，這就是你替自己找到脫離舒適區尋找困難的任務。

X計畫
打造人生黃金交叉線的轉機與關鍵

　　尋找困難的任務其關鍵的意義在於，在一段時間內集中訓練少數能力。例如在職場上，我們需要跟客戶打電話溝通與合作，大部分人都是直接拿起電話跟客戶溝通，這件事你或許已經做了上千次，而且熟練到不需要任何思考就可以做到六十分，所以你會在無意識的狀況下完成。不過在無意識的狀況下，很難有成長與進步。

　　如果要讓自己進步到八十分甚至九十分，我們就需將這件事從無意識地完成轉換成有意識的練習，無意識的完成代表你處在舒適區，有意識的練習就是脫離舒適區，例如每次打電話給客戶，我們要有意識的練習一個任務，這一個任務包含三件事：

　　第一，先說結論。在打電話前，先思考待會兒要如何在最短的時間內告訴客戶，這件事最重要的目的或者是最重要的結論是什麼。

　　第二：清楚邏輯。在打電話前，先思考待會兒要如何在表達上具有邏輯性，否則可能讓客戶聽了半天都不知道你在講什麼。

　　第三：不漏細節。在打電話前，先列出你待會兒要跟客戶說明的所有細節與任務清單，就不會遺漏了。

　　把「打電話給客戶進行溝通與合作」轉換成這三項有意識的練習，你一定會覺得不熟悉也不舒服，而且結束電

話之後，你還要思考哪些環節有繼續提升的空間？還能夠用什麼樣的技巧讓自己提升到專家的層次。

你可能對某個領域很感興趣，比如你喜歡行銷，所以你可能對行銷的文案很感興趣，有空的時候會看看創意的文案，也會看看文案書，但是如果要有意識的練習行銷文案，你必須找到一個很難完成的任務，例如如何用一句話吸引客戶的注意、如何在三十字之內清楚解釋產品的技術等。

所以請相信我，在任何一個領域內進行有意識的練習，基本上都毫無任何趣味可言，因為這代表你需要去做自己很難輕鬆做到的事情，並且常常遇到失敗以及挫折。同樣的，喜歡閱讀好文章跟自己寫出一篇好文章，是兩碼事。

最後，我想說的是，想成功要先從不習慣開始！也就是從找到脫離舒適區的一個任務開始！

原則4單元練習

1 許多人害怕與眾不同，所以走最多人走的路徑，依循社
會主流價值，以為打安全牌最保險，最後卻反而喪失自
我。人生不是只有一個面向，人生的價值也不是只有一
種，不必盲從，不必隨波逐流。

　　請寫下「我的夢想與目標是什麼？追求我的夢想與
目標可以有哪些不一樣的方式？」

---

2 你能接受最壞狀況嗎？害怕失敗不敢做選擇，那就給自
己保留彈性，最壞情況也許沒有想像中的難以接受，接
著鼓勵自己實際嘗試。

　　請寫下「最壞狀況是什麼？我能接受的最壞狀況是

什麼？」

---

3 很多問題不必然要直線思考，如果從反面去思考問題，
往往會使問題獲得創造性的解決，這是逆向思考。請運
用「我的X逆向思考」工具中思考出「我的什麼看法跟
其他人不一樣？」

原則 **5**

人脈合作

我們必須尋找能幫助自己的導師，
當你碰到重大問題或是
需要進行重大決策的時候，
你可以諮詢他們的意見，
請他們協助評估。所以我們常說，
當自己沒有「慧根」的時候，
也要學「會跟」著一位好教練，
好「饅頭」。

不斷的找出問題點
並持續改進

　　在合勤科技擔任內部講師時，雖然是業餘的講師，但我還是希望能夠呈現出專業的水準，所以我曾邀請一位朋友林俊安特地到合勤科技聽我上一整天的課，聽完之後請他給我真實的意見，讓我知道如何改進，就這樣持續了好幾個月。因此我在正式成為講師前就已經有一身的好本領，都要歸功於林俊安在每一堂課下課後給我即時的反饋，讓我有機會可以做刻意的練習。

　　為了感恩他對我的付出，後來當我創業為專職講師之後，林俊安成為我的獨家合作夥伴，他就是信凌可台灣分公司的副總經理。

　　在課後得到即時反饋是非常重要的習慣，以及讓自己的教學技巧能夠不斷精進的重要方法。對我而言，得到合作夥伴的真實反饋，甚至比學員所填寫的課後客戶滿意度問卷更加重要。

找到適當的教練

有一次課程結束之後，由於要立即趕往機場，我請固定配合的計程車司機陳大姐來接我，合作夥伴也跟著我一起坐上計程車。一上車我就立刻問夥伴：「你覺得今天讓你印象最深刻的是哪一個部分？你覺得今天有哪一個環節可以更好？」

夥伴先下車之後，陳大姐就跟我說：「老師，我聽過你演講，你已經很厲害了，但你還會願意問別人如何可以更好，這是我非常驚訝的地方。」我告訴陳大姐：「當你越成功，你只會聽到越多好聽的話，而真話會遠離你，所以我們要把握任何一次可以聽到真話的機會，這才是我們能夠不斷前進的機會！」

在我二〇一一年前進大陸教課時，由於不知道什麼樣的課程比較能夠符合大陸市場的需求，於是找到我現在的恩師林嘉怡，她是現任 AsiaTraining 集團的董事長與總經理。AsiaTraining 集團是台灣第一家成功到美國納斯達克上市的管理顧問公司，為了讓我快速融入大陸當地市場，她告訴我，你一定要融入大陸當地的環境。她甚至特別讓我到她上海的家住了一陣子，每次我要到大陸企業教課的前一天晚上，她還會特別撥出時間讓我跟她做一對一的

練習，我會把教材一頁頁講給她聽，她會一頁一頁給我建議。

後來她告訴我：「一整天的課程要分五個段落實施，每個段落都要有理論案例、實作、點評，每個段落都要前後串聯，每個段落都要有產出，最後一個段落要進行總串聯。」這些建議成為我日後課程設計最重要的基礎。成為專職講師六年來，幾乎所有的客戶都認為我的課程非常的有系統、有邏輯、有產出、很容易學習，這都要歸功於她當初給我的建議。

我還記得當我在講案例的時候，每次都被她修理得很慘，她會告訴我從什麼樣的角度切入會比較精準？以什麼樣的問題提問，比較能夠引起現場高階主管的共鳴？設計什麼樣的案例會達到最有效的學習效果？

這一些都是我過去沒有的經驗，好不容易在她家練了好幾次之後，為了確保成效，她甚至會去課程現場聽我講課，課程結束之後，她會立刻給我意見，我就把這一些反饋記下來，不斷地進行修改，下一次再度邀請她到現場再看一次我修改之後的狀況，直到她點頭。能夠在成長的路上找到一位教練是非常重要的，林總經理是我的恩師，我尊稱她為師父，她不厭其煩地給我即時反饋，我也及時進行修正與調整。

找到教練　→　做給他看　→　即時反饋　→　調整修正

聽真話與講真話都需要勇氣

當你有一位願意告訴你真話的教練時，請務必珍惜。請依照他的建議進行改變，你的改變會讓他覺得他的建議是有用的，當看到你的改變，他就會持續願意給你意見，可是如果你不改變，他就會覺得他的意見並不受你的重視，他就不會再給你意見了。

我師父說，她也給過很多剛出道的企業講師許多意見，但是在她指導過的新進講師當中，只有我願意改變，而且願意依照她的建議進行調整，並會讓她看到調整後的改變，這是她最感動的地方。

直到現在，我仍然奉行我師父諄諄教誨的教導，只要她給我的建議，我知道一定是為我好，我一定照做，只要她希望我嘗試的，我也一定會去做新的嘗試，所以通常我都會是第一個把她的話做到的人。我也一直相信，第一個做的人，收穫一定最大。

你要找到願意對你說真話的夥伴，聽真話是一種有勇

氣,相信我,說真話也是一種勇氣,所以當你希望聽到來自夥伴真心的建議時,請你真的要保持開放的心態,願意接受任何建議,否則原本這個願意說真話的人也會沒有勇氣向你說真話,那麼這個寶貴的說真話機會就跑掉了。

說真話的人需要勇氣,聽真話的人也需要勇氣!一種勇氣是誠實,一種勇氣是接納自己的不完美!

沒有慧根也要「會跟」

「導師」的英文是 Mentor，發音像「饅頭」，所以很多人就把導師叫做「饅頭」，導師也是教練（Coach）的概念。

「饅頭」不是貴人，我們通常所說的貴人，某種程度上要有提攜的作用，也就是說，他可能會給你某些機會和好處，然後這裡所說的「饅頭」，比較偏重在知識和經驗的傳承或解惑，幫助你在混亂的想法當中撥雲見日，找到你要的方向。

找到「饅頭」勝讀十年書

「饅頭」要怎麼找？就是多花點時間跟各個領域的朋友交流，等到你不知不覺一直在跟某個領域的朋友交流切磋，而且你發現自己樂在其中時，恭喜你，你已經初步找到你的「饅頭」了。基本上，只要你跟某位朋友聊天時，

X計畫
打造人生黃金交叉線的轉機與關鍵

有一種「天哪！你是怎麼辦到的？我也想學！」的感覺，
就可以考慮跟對方建立「饅頭」關係。

一般而言，你可以在以下三種地方找到「饅頭」：

一、你的上司、你的同事，或是在你的專業領域當中的朋
友。

二、社群的朋友、社團的朋友、常聚會的朋友。

三、你的朋友的上司、長輩、同事，或是朋友。

從以上三種地方中找到令你敬佩而且接觸到的人，簡
單來說，「饅頭」就是「在你的社交圈中可以接觸到的強
者」。

通過即時反饋知道如何精進

即時反饋是指任何讓你知道自己現在做得有多好，以
及距離理想目標有多遠的方法，所以我們一定要找到可以
讓自己得到即時反饋的方法。

通常即時反饋的方法有兩大類，一個是自檢法，也就
是自我檢查，另一個是他檢法，也就是透過外部的檢查。

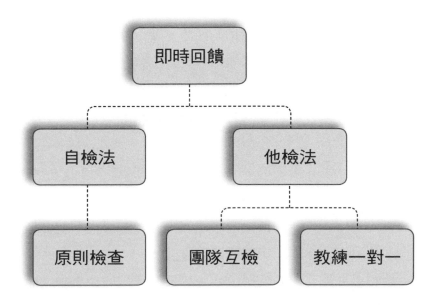

自檢法

　　自我檢查就是針對任務設計原則，在任務執行完成之後，按著這些原則檢查是否有做到。例如我們準備出國的時候可能會有一個行李清單，出國前只要從這個清單中逐一檢查就可以知道是否有遺漏，這就是自我檢查。

他檢法

　　外部檢查通常也有兩種方式，一種方式是團隊互相檢查，例如在行銷團隊內部定期舉辦行銷技巧分享會，讓每

個人分享自己如何運用行銷的技巧,並分享自己做得最好的一件行銷案,並且讓其他夥伴給該位夥伴反饋與建議。

另外一種外部檢查的方式,則是找教練做一對一的檢查。

為什麼世界排名第一的運動員還需要教練?他們自身的能力與技巧不是已經頂尖了嗎?這是因為教練可以從旁觀者的角度幫你認清自己,所以如果有教練可以幫助你進行即時反饋,你的進步速度可以非常快。

如果你擁有一間公司,你應該要有自己的董事會,而董事會的功能通常是監督與資訊,決定總經理的提案要不要通過,也就是公司有事的時候,要主動找董事會諮詢,或者尋求董事會的支持。

董事會之於公司,就像導師之於自己,我們必須尋找能幫助自己的導師,當你碰到重大問題或是需要進行重大決策的時候,你可以諮詢他們的意見,請他們協助評估。

所以我們常說,當自己沒有「慧根」的時候,也要學「會跟」著一位好教練,好「饅頭」。

隨時記錄身邊的厲害角色

能夠跟到一位願意幫助你的好教練，在你的個人成長上是一件非常幸福的事，然而在你的生活周遭除了個人教練之外，也有許多厲害的人，他們不一定能夠幫你，但是你可以透過向他們學習來幫助自己。

我有一個習慣，在我身邊如果出現厲害的人，他對某件事、某個能力、某個觀點的分享特別值得我學習，我就會立刻以筆記記下來，或是以文章的方式進行分享，並且定期以寫作專欄的方式進行發表。

我認為寫作是一個訓練思考的很好方式，但不是人人都能夠這樣做，而我們可以換種方式，也就是用紀錄的方式來代替寫作，這個紀錄的方式包含拍照錄影或是文字畫畫都可以。

有一句話說得非常好，「好記性不如爛筆頭」，這是在告誡我們不要太相信自己的記憶力，對於要處理的各種

事情或是學習的心得，隨時筆記是個比較好的方法。很多人口袋裡帶一個小小的筆記本，隨時做下紀錄，就是這句話的體現。

就像攝影一樣，今天用哪些器材？今天的光線如何？我如何調整光圈快門？當你把這些東西記錄下來之後就會發現，在不同的物體上，不同的光線、不同的時間，你就會發現到有許多不同的技術，你會發現到自己做了哪些改變、哪些結果，所以你會開始精進不同層面的技巧，因此習慣隨時記錄當下一些變化很重要，而且可以隨時回顧了解當時發生什麼事。

思考也是這樣，舉例來說，當你今天看到一個事件或一段聊天，你可以記錄下來，快速用手機的筆記軟體記錄下來，日積月累之後，你就會發現這些紀錄非常珍貴，你也可以了解自己當時如何學習。

向你的人脈學習

在我們周遭的朋友當中，總是有些人能夠在某些議題比我們想得更透徹，總是有些人的成功經驗值得我們學習，我們可以把這些成功經驗記錄下來。

有一次清華大學EMBA的同班同學聚餐，在前往聚餐地點的路上，我與同學一塊坐車前往，當時坐在我旁邊

的是亦卿，他在那一年成為六千人上市公司的總經理，因
此我請他跟同車的大家分享他如何一步步走到現在的位
置，每個人都聽得津津有味，於是我趁著當天記憶猶新，
做了「從業務邁向上市公司總經理之路」的紀錄，成為自
己的學習筆記，並立即分享給全班同學一起學習。

我在亦卿身上學習到的八堂課

1. 能廣泛的了解各部門的運作與問題（從一個小業務
   做起，理工背景的業務，藉由身為 ODM ／ OEM 客
   戶窗口與各部門間橋樑的機會，了解各部門不同的
   問題與缺點，同時向每家客戶學習不同的優點）。
2. 擦過別人不願意擦的屁股，尤其是大屁股，成功收
   拾大殘局（被派到日本與韓國處理棘手的逾期帳款
   問題，尤其把五百萬美金的呆帳追討回一百八十九
   萬美金）。
3. 對財務很有興趣，還主動到政大修課或自主學習財
   務相關知識，所以現在能輕易一眼看出財務部門主
   管可能犯的錯誤。
4. 永遠讓老闆當白臉，自己當黑臉，甚至老闆想當黑

臉時，還能主動建議老闆這可能有損你的形象，而讓自己當黑臉。

5. 操守與道德大於能力（有時會故意指示讓部屬報不該報的帳，測試部屬的誠信，如果部屬說我會考慮，最後沒有報帳，且好幾次如此，就代表該部屬操守好）。

6. 具有百折不撓的精神，不會半途放棄。

7. 具有逆風行腳的態度，老闆有時會故意讓部屬接下難接的任務，測試是否在逆境中能夠解決問題。

8. 自我（設目標與達成目標要自我，如果人家不做我就自己做）與無我（成功的時候不要居功，要把功勞全給上面老闆與底下團隊）。

9. ══════════════════════

2015-12-19 by 劉恭甫 Jacky Liu

到目前為止，我的筆記軟體裡有超過一千筆親手記錄的筆記，至今都是我非常重要的人生成長養分。

與人脈交換情報

開心的與人交流永遠是建立人脈很好的方式,既然是交流,就代表你希望從對方身上得到一些情報,以及你也可以提供一些情報給對方,久而久之,你們會開始交換更實用豐富的資訊。

大多數人一開始都是因為專業能力而受到重視,許多工作都是可以一個人完成的,隨著年紀的成長以及責任的不同,你所追求的通常不會是一個人可以完成的工作,而是需要帶領一群人共同完成工作,所以要設法「成為讓人想要一起合作的人」。

有些人表面看起來朋友很多,但是真正遇到困難時,可以幫忙的人其實很少,所以在重要時刻能伸出援手的人,就顯得非常重要。我認為,如何建立關鍵人脈有以下七大原則:

一、人脈重質不重量:與其有一百位朋友,不如有一位絕對支持你的人,在關鍵時刻能拉你一把。

二、建立志同道合的團隊:平時多累積一拍即合的夥伴。

三、認識更厲害的人,他們會拉著你往上走,不要只在同溫層。

四、多參與各種課程,認識更厲害的人。

X計畫
打造人生黃金交叉線的轉機與關鍵

五、認識更多不同領域的人，不能只有這個領域的朋友，可以聽聽不同領域的觀點。

六、掌握「誰很懂這類事情」的關鍵人脈，除了在自己的領域之外，也需要在不同的領域建立至少三位可以隨時幫忙的人脈。

七、老自青三代都要有人脈：這跟自己的成長有關，在「老一代」找到願意提攜你的人，在「自己這一代」找到願意一起努力的人，在「年輕世代」找到願意跟隨你的人。

▌ X計畫人生成長設計工具五
我的X人脈：定期檢視自己的關鍵人脈

關鍵人脈條件	姓名
絕對支持我的人，在關鍵時刻能拉我一把的人有誰？	
與我志同道合，一拍即合的夥伴有誰？	
我到外面上課認識了哪些更厲害的人？	
我認識了哪些不同領域的人？	
在○○事情上隨時可以幫忙我的人有誰？	
我的「老一代」中願意提攜我的人有誰？	
我的「自己這一代」中願意一起努力的人有誰？	
我的「年輕世代」中願意跟隨我的人有誰？	

　　從這七大原則，我設計了一個關鍵人脈表方便你填入，你可以放在隨時看得到的地方，定期檢視自己的關鍵人脈。

找出值得學習與合作的對象

　　生活中除了自己之外，你的成功都需要別人的幫助，而想要運用人脈幫助自己創造人生更好的局面，關鍵在於找到對你的未來有著利害關係的人，他們就是你的「利益關係人」，要能夠與「利益關係人」產生正向循環的合作，除了從自己的角度思考之外，更要從對方的角度出發，思考對方希望自己做什麼？能夠得到什麼幫助？有以下三個步驟：

第一步：識別主要利益關係人

　　釐清在你的未來發展中，各個領域裡最重要以及接觸得到的利益關係人是誰，你可以透過以下兩個問題，針對每個問題寫下三個名字，並且用一句話簡單說明為何選擇他們的理由。

1. 在這個領域中，誰是對你最重要、最具影響力的人？
2. 在這個領域中，誰是跟你最頻繁接觸的人？

X計畫
打造人生黃金交叉線的轉機與關鍵

第二步：了解雙方的期望

面對每一位利益關係人，你期望從他那裡得到什麼？他們又期望從你這裡得到什麼？這裡可以分成三個部分：個人成長與價值觀、工作事業的成長、生活與興趣。

	我對對方的期望	對方對我的期望
個人成長與價值觀	我可以為對方帶來正向陽光的影響	對方【凡事為他人著想】是我值得學習的地方
工作事業成長	我可以為對方的事業提出建言	可以讓我認識另一個領域的人脈
生活興趣	可以一起爬山與騎自行車	可以一起爬山與騎自行車

第三步：建立雙贏

了解雙方需求之後，就要開始思考如何落實到具體的行動，看看自己可以透過哪些做法達到對方的期望，建立雙方的共贏成果。

例如雙方都喜歡騎自行車，那麼就來報名一個自行車比賽，每周練習兩次，透過在共同練習與參加比賽的過程當中，建立共同克服挑戰共同成長的人脈關係。

關鍵人脈
與個人品牌的關聯

　　無論你是上班族、創業者、自雇者、專業人士，還是學生，你都要想想怎麼「擦亮自己這個品牌」，讓別人做某件事或是碰到某個問題，就會想到你。

　　在這個時代，如果要被別人記得，你就得靠「自己」這個品牌。如果有一天能夠讓別人是想要找「你」，而不是找「你的公司」，需要靠「你」，而不是靠「你的公司」，那你就擁有實至名歸的「個人品牌」了。

找出自己的關鍵字

　　在建立個人品牌之前，先提煉個人品牌關鍵字，也就是「自己等於什麼關鍵字」，該怎麼做呢？可以經由以下步驟達成：

X計畫
打造人生黃金交叉線的轉機與關鍵

第一步：列出自己拿手或喜歡做的事

例如：

> 我喜歡研究各式各樣的汽車；
>
> 我會主動告訴大家有哪些新車即將上市；
>
> 我喜歡分享有關汽車的知識；
>
> 我認識很多汽車界的朋友。

第二步：你的朋友如何稱讚你

例如：

> 朋友認為我對汽車產業很了解；
>
> 很多朋友說要買新車就要找我。

第三步：提煉出等於自己的關鍵字

例如：

> 我＝汽車專家。

行銷你的個人品牌

為什麼要找喜歡的事當定位呢？因為要變成個人品牌需要一段時間，可能兩年、十年，這時只有喜歡做的事才能持續這麼長的時間。所以只要認定「我喜歡做這個」，就開始努力強化這一部分的能力，經過一段時間的經營，如果確實做到，一定能夠成為該領域的第一名。

像這樣經由「做自己喜歡做的事」發展成「個人品牌」，就是經營「我＝○○○」個人品牌的最好方法，讓所有人只要說到○○○就想到你，即可確立這是你的個人品牌。

我們都知道，銷售要成功，重點不在於你認識誰，而在於誰認識你；我們必須運用工作的環境與機會建立自己的品牌，當你決定轉換職務或跑道，甚至離職或是失業的時候，個人品牌才能幫助你順利走到下一條路。

有一句話說得好「酒香也怕巷子深」，意思就是酒釀得再好，如果在很深的巷子裡，也可能不會有人知道，深巷中的酒，誰能聞得到，好酒也需要包裝和宣傳。

如果把酒比喻為人才，也就是說，即使你是千里馬，也需要自我包裝才能贏得伯樂的賞識，尤其在這個互聯網的時代，與其消極等待被發現，不如積極展現自我。

X計畫
打造人生黃金交叉線的轉機與關鍵

　　由於我很喜歡做「將很難的產品技術，以淺顯易懂的方式進行PPT設計與簡報呈現」這件事，於是我在合勤科技擔任產品經理時，我將部門負責的產品線，以全新的簡報製作方式重新設計新產品簡介，並對業務部門進行產品訓練。為了讓大家知道我有這個能力，我想透過分享讓更多人知道，所以進行業務產品訓練的時候，也會邀請其他的產品部門一起來聽。

　　由於公司之前不曾有人這樣做過，加上許多業務拿這份簡報向客戶進行簡報時，都比以前更順利取得客戶的好感與品牌認同，於是我設計的PPT便開始在公司其他產品部門傳開，許多人見到我便稱呼我是「簡報專家」，國外經銷商也稱呼我是「Mr. Presentation」，這就建立了我的個人品牌。

　　建立了個人品牌有什麼好處呢？由於我是產品經理，跨部門之間或是不同產品線之間常常需要合作或是借資源，這時我的關鍵人脈就是各部門的決策者，我常常可以透過「我教你如何做產品簡報」，或是「我可以把你的產品簡報修改成更容易讓客戶買單」的方式來「幫助」他們，進而「換」到許多資源，讓我在做產品管理以及推動產品開發進度上可以更順利，這就是我用個人品牌建立關鍵人脈的方法。

列出自己 喜歡做的事	◆ 我喜歡…… ◆ 我會主動……
你的朋友 如何稱讚你	◆ 朋友認為我…… ◆ 很多朋友說我……
提煉 等於自己的 關鍵字	◆ 我＝○○○
行銷你的 個人品牌	◆ 心得分享 ◆ 發表文章 ◆ 簡報演講

行銷個人品牌的三大訣竅

　　我建議各位朋友要善用在公司中建立的人脈或資源，你可以選擇經由三種方法行銷自己的個人品牌。

第一，定期發送有關你的個人品牌定位的電子郵件，把這件事當成創立你個人的電子周報，報導有價值的資訊。例如你對服務客戶有興趣，你就可以發送有關客戶服務的成功案例或是自己的心得。例如我常在內部主動分享如何設計 PPT，並以郵件方式分享自己的簡報設計祕訣。

第二、在產業專家或潛在讀者可以看到的地方發表文章，或創建部落格撰寫文章，別人會透過文章認識你，奠定你的專業和權威地位。

第三、在公司內部以知識分享或演講的方式，讓自己成為價值提供者，如果大家了解你的價值，自然會向別人宣傳你的名字和品牌。例如，我甚至在公司內部擔任講師，教導業務部門以及產品經理「簡報技巧」的課程，成為「簡報技巧」的價值提供者。

建立個人品牌是人生中最重要的策略之一，過程並不容易，但是產生的價值絕對超過你的想像！保持耐心並花時間經營，必須付出很多努力，而且必須要持續下去。

在這個品牌至上的時代，年薪一百萬靠專業，年薪五百萬靠個人品牌。最重要的是，建立個人品牌是做自己喜歡做的事，才能夠長長久久堅持下去。

原則 5 單元練習

1 請列出「10位值得你學習而且你也接觸得到的人？如果可以，你會選擇哪一位當你的教練或師父？」

---

2 請寫下5個「你能為一個新朋友創造的價值是什麼？」，其中你覺得哪一個最有價值？

---

3 釐清在你的未來發展中，各個領域裡最重要以及你接觸
得到的利益關係人是誰，請運用「我的X人脈」工具中
思考出「誰是對你未來發展最重要的利益關係人？」

敏銳觀察

任務型的思維，

思考範圍在任務本身，

思考角度由下而上，

而將領型的思維，

思考範圍在居高臨下看待整件事情，

思考角度由上而下。

台上三分鐘，
台下十年功的努力

　　二○一二年我就讀清華大學EMBA時，修了一門課叫「個案分析」，這堂課很特別，是我在清華整個學習過程中印象最深刻的一門課，當時是金執行長與丘宏昌老師聯合上課，也是在課堂當中我們才知道要參加EMBA每年一度的個案分析競賽。

　　參加一場個案比賽就像是真實的商業競賽，需要有敏銳的觀察力。

　　第一，觀察自己：在商業環境中，我們要觀察自己的能力，了解自己的優缺點；在這場比賽中，就是從團隊合作的經驗了解團隊成員中的優缺點。

　　第二，觀察對手：在商業環境中，我們要觀察競爭對手、上下游、行業與生態中的狀態；在這場比賽中，就是從參賽對手中了解競爭狀態。

　　第三、觀察客戶：在商業環境中，我們要了解客戶與

市場的需求；在這場比賽中，就是從評審了解評分標準與
觀點。

觀察自己

　　為了參加這個比賽，我們團隊每周碰面的時候都會至
少練習一個個案，練習如何在團隊當中建立角色的分配？
練習時間如何掌握？練習如何看懂一個企業個案？練習如
何找出個案命題與切入點？練習如何運用適當的分析工
具？在練習十多個管理個案之後，我們才開始對個案分析
慢慢找到手感。

觀察對手

　　為了了解其他各隊的水準與情況，我特別藉由觀察各
隊表現進行「評審角度」的練習。我觀察各隊是如何比賽
的？觀察各隊他們在分析個案的時候運用什麼樣的邏輯進
行分析。

　　例如我從觀察中發現，政治大學是分四個階段，也就
是現況、目標、策略、結果等四段式報告，而台灣科技大
學從公司財務產品等綜合分析之後，再進行競爭力的策略
分析，最後再推導到行動方案，主要是三段式報告。而清
華大學本隊是從面臨的問題開始，決定切入點進行各項分

析後再發展策略,最後提出策略執行與風險管理,我們是六段式報告。至於交通大學是對公司本身先進行各方面的分析,再直接提出策略,我稱其是兩段式報告。每一次觀察都是一次「評審角度」的練習,這是第一種練習。

觀察客戶

在這場個案競賽中的客戶指的是評審,接著我將四隊的報告方法與邏輯分析完之後,我就在各隊進行報告的當下,試著先以評審的角度提出想問的問題,然後再對照現場評審的提問,測試自己是否能夠站在評審的角度觀察各隊的盲點,這是第二種練習,每一次練習提問也都是一次「評審角度」的練習。

接著我以自己的角度評估各隊的優點與缺點,我發現若要在這個個案競賽中取勝有三個重點:

第一個重點是,主講者能否在短時間內引導評審了解個案,並順利進入我們所分析的邏輯。

第二個重點是,能否在簡報當中就埋入一些評審可能問的問題,然後事先將這些問題的答案準備好,評審只要提問,我們就能更有信心並充分準備的進行回答。

第三個重點是,團隊各個成員之間的互相合作能否讓

評審認為我們能夠互相補位，卻又能夠各自發揮優點的團隊。

　　總結以上三個重點之後，我們便開始進行設計與突破。

六段式邏輯釐清思考架構

　　我們設計了一個情景，假設我們是一家管理顧問公司在對公司決策層進行提案，我在簡報當中不斷的運用「自問自答法」，引導評審進入我們的分析邏輯並且埋下評審可能問的問題，而這些問題就是我們在準備階段所設計的問題，最後我們每一個人都有各自的角色分工，例如執行長、財務長、行銷長等，負責回答評審相關的問題。

　　在演練的過程當中，有好幾次我都是在一整天的企業內訓課程結束之後，從台北趕往新竹，同時我們的團隊也已經進行個案研究並把簡報檔傳給我。我在高鐵上收到簡報檔之後便立即閱讀，一抵達清華大學的演練場地，我便立即以幾乎不看稿的方式進行簡報，團隊成員以及老師都很驚訝，我為什麼可以在這麼短的時間內做到不看稿進行簡報？其實很簡單，只要你腦中有「思考架構」，說話就有邏輯。

　　這個「思考架構」就是我們團隊所討論出來的六段式

邏輯，分別是問題、分析、對策、行動、風險、結論。

▌六段式邏輯概念

階段	目的	我想怎麼做
問題	問題及背景介紹	快速抓出問題的真相與思考的重點
分析	內外部分析	分析內部優劣勢與外部的機會威脅
對策	策略分析	提出解決對策並分析對策是否可以解決問題
行動	行動計畫	完成對策所需的資源與執行步驟
風險	風險管理對策	可能產生的風險分析
結論	報告結論	總結對策如何解決問題

　　每一段的上下銜接我都會採用「自問自答法」，什麼叫「自問自答法」？舉例來說，從「分析」到「對策」，我如何進行呢？當我在前面幾頁「分析」內部的優劣勢與外部的機會威脅之後，就要準備進到第二段的「對策」，所以在第一段結束之後，我會先拋一個問題，我會這樣說：

　　「經過上述的分析，我們現在到底要怎麼做？」

　　於是我就可以銜接到第二段的「對策」，在我的腦海裡已經深植了以上所提的六階段架構，然後我會在每個階段之間加入問句，用問句引導評審進到下一段的思考。所以我只要按著腦袋中的「框架」加入問句，唯一需要記憶的，就是每一頁PPT當中的關鍵字，例如關鍵數字或是結果。也就是說，我只要把這些數字和結果記在腦袋中，再加上原本有的六段式邏輯架構與中間銜接的問句，我幾乎就可以不用每一頁都轉過頭看PPT。

　　其他所有隊伍演講者都需要轉過頭看PPT，看到PPT之後才能夠繼續簡報，我是在比賽選手當中，唯一從簡報一開始到最後一頁，不用每頁回頭看簡報的選手，這造成我跟其他比賽選手的差異性，不要小看這個差異性，在如此激烈的比賽中，勝負的差異性可能就在這些小細節上。

　　腦中有「架構」，銜接有「問句」，記憶有「重點」，這三個不看稿簡報的簡單練習，雖然同學認為我毫不費力就可以進行簡報，但其實我已經非常努力練習了上千次，所以，為了成功，你一定必須非常努力，才能看起來毫不費力。

從往後想兩步開始

　　有一次公司的主管要接受雜誌的專訪，但行程很滿，吃飯時間才有空，雜誌社也答應在中午特地到辦公室專訪。我的團隊中有一位助理 Diane，剛接到雜誌社已要來訪的電話便通知主管。主管說沒問題，並問了「中午怎麼安排？」Diane 一時間不曉得怎麼回答，這時旁邊有一位同事 Judy 也聽到，就起身共同加入討論。

　　Judy 了解到中午訪談會有午餐、時間、地點等情況，並開始思考如果記者到辦公室之後，該如何讓雜誌社與主管在適合的地點訪談，又該如何讓雜誌社與主管的訪談非常有效、有深度，又精采。

　　思考這些問題後，Judy 便開始決定地點並打電話問雜誌社的主要訪談內容，簡單列出主管需要準備回答的問題後，立刻把問題交給主管，請主管在中午前先思考一下，同時準備相關的資料給主管，讓主管可以不用額外花時間

找資料。

　　果然中午雜誌社一到，便立即被引導到事先安排好的訪談地點，在訪談過程當中，主管也很有信心、不疾不徐的運用手中資料，系統的回答雜誌社問題。整個採訪在三十分鐘左右結束，採訪結束之後，在送雜誌社離開公司的過程當中，雜誌社表示這是一場非常有效率並精心設計的訪談，主管的回答也非常有深度，謝謝我們的準備，而主管也認為整個的採訪過程在掌控之中，我們事先準備的資料讓他可以在最短的時間內完整的準備，並有效回答記者的問題，是一場非常有效率而且非常好的訪談，能夠帶給公司非常正面的形象。

　　在這個例子中，Judy 運用了一個萬用的思考架構，就是 5W2H，也就是「誰」、「在哪裡」、「在何時」、「要做什麼事」、「要怎麼做」，以及「會有多少時間」，這個萬用的思考架構可以幫助我們迅速釐清目前的資訊並快速完成思考。

　　從這個案例告訴我們，接到一個任務的時候，如果可以運用 5W2H 往後想兩步，也就是如果這件事發生，接下來會發生什麼事，再接下來又會發生什麼事，這樣子的思考可以讓我們在準備任何事情時，都能預先思考可能的狀況以有效掌握。

X計畫
打造人生黃金交叉線的轉機與關鍵

▌萬用思考架構5W2H

5W2H	觀察 目前資訊	下一步的 思考	再下一步的 思考
WHY 為何要做這件事？			
WHO 有哪些人？			
WHAT 要做什麼事？			
WHEN 何時要做？			
WHERE 在哪裡做？			
HOW 要怎麼做？			
HOW MUCH 要花多少錢？			

你看到了什麼問題？

在職場上，你是否常常聽到以下的類似問題？

老闆，中秋節禮盒，大家都在做，我們是不是也要做？

老闆，線上課程是趨勢，所以我們是不是也應該要做線

上課程？

這是很多人習慣的思考，看到大家做，我們就應該跟著做。我要告訴你，除非你有更好的理由，不然不應該以這種理由做決策，不然你會窮盡所有資源做全天下所有人都在做，卻無法超越他們的事。

有一次跟我一位知名企業的總經理開會，會議中他跟我分享有一個部門主管曾問他：「請問老闆未來一年有什麼重要的事要做？」

總經理說：「你不要問我這個問題，反而是我應該問你，如果我明天出國一年，我把這個部門交給你，你要怎麼做？」

這個「請問老闆未來一年有什麼重要的事要做？」的問題看似很正常，但是這個問題的背後卻隱藏著一個思維，就是請老闆交辦任務，老闆先交辦，我再根據老闆交辦的任務進行未來的規畫，這樣的思維如果放在大公司，從每個人都是流程中的小螺絲釘來看，這樣的思考很正常。但如果你是一個部門的主管，或是需要獨當一面負責一個事業部或公司，這樣的思維很危險，因為這是一個任務型的思維。

當你的經驗越來越豐富，你要練習成為一個能夠獨當

一面的人，所以反而應該是你告訴老闆要怎麼做，如果你來負責這個部門、這家公司、這件事，你希望最後變成什麼樣子？你希望最終做到什麼程度？達到什麼目標？這個才是真正將領的角色，這樣就會是一個將領型的思維。

任務型的思維，思考範圍在任務本身，思考角度由下而上，而將領型的思維，思考範圍在居高臨下看待整件事情，思考角度由上而下。

簡單來說，如果要辦公司十周年慶的活動，你接到一個任務，例如報名作業，不要只是想「我要怎麼完成報名作業」這個任務，而是要嘗試站在最高點思考：「如果是我主辦公司十周年慶的活動，我會怎麼做？」這樣才能夠站在制高點看到最關鍵、最重要的問題。

以下五個練習可以讓自己具有敏銳的觀察能力，幫助自己的人生規畫。

這種思維套用在生涯規畫上一樣適用，工作上如果不滿意和不順遂還可以換工作，但是自己的人生只能為自己的決策負全責。

▎X計畫人生成長設計工具六
我的X挑戰：練習從觀察找出解決問題的方法

人生的五種觀察	觀察記錄
觀察現在誰在做什麼？ 他們為什麼在做這件事？ 他們怎麼做？	
這件事跟我有什麼關係？ 對我人生的幫助在哪裡？	
如果是我來做這件事，我會怎麼做？ 我會如何善用自己的優點？	
我看到了什麼問題？ 所有問題當中最關鍵最需要被解決的是什麼？	
什麼會是最有效的方法完成這件事？	

訓練敏銳的觀察力

　　表演訓練班在訓練演員上台表演之前，都會有一個觀察力的訓練，演員必須觀察不同的人走路有什麼不同，例如男人跟女人的不同、快樂的人跟生氣的人有什麼不同，而演員訓練班的觀察力訓練可以用在職場工作者嗎？

　　例如行銷人員可以到賣場觀察客戶在選擇產品和其他產品時如何選擇？他花了多久時間？他看到了什麼東西？他在什麼顏色的產品面前站得最久？他又一起買了什麼東西？

　　例如生產製造人員可以到生產線觀察員工在哪一個環節花了多少時間？做了什麼事？經過多久時間會感覺到累？遇到什麼困難？你可以找到系統當中效率不佳的地方，然後想辦法提高系統的效率。

提高觀察力的方法

「有創意的人，可以看見其他人看不見的關聯」，而這個看不見的關聯就是敏銳的觀察力看見的關聯。不管創業或是轉換跑道，敏銳的觀察力有助於發現自己人生第二條成長曲線的機會。

如果透過傳統方法，只能得到一般人的看法，我們需要透過創新方法才能為企業發現新需求與新商機，為自己的人生找到一條出路。

從提高觀察力到真正解決問題的能力

你可以注意公司的大小事務，通常在公司內部的每個人都很忙碌，所以很容易忽略一些需要改善的契機，只要留心一點，就可以抓住這些機會，找到改善契機的提示與線索。

無論職場工作者或經營事業，無論在組織中擔任什麼職務，分析問題與解決問題絕對是不可或缺的核心能力之一。一位職場工作者最大的價值，就是從觀察到一個問題，進而將這個問題解決。

X計畫
打造人生黃金交叉線的轉機與關鍵

將觀察問題到解決問題形成一個思考習慣

當我們看到任何一件事情，便開始從中觀察是否存在問題，如果發現問題，便去思考這個問題為何會發生，找到原因之後便設定要將問題解決到什麼程度，然後根據目標提出有效的解決方案。

傳統方法	創新方法	怎麼做
問卷訪談	觀察追蹤	傳統的觀察方法主要是設計問卷找受訪者回答，通常會得到框框內的答案，如果要得到框框外的答案，就要直接走到第一線，進行不一樣的觀察。 觀察現場的人是如何消費如何購買如何操作進行全程追蹤，而不止是透過問卷與透過數字來了解。
了解常態	了解極端	在統計學會告訴我們所有的常態分布都會出現最多的是中間值，最少的是兩端，傳統的做法是研究中間的常態行為，但是創新的機會往往是在極端中發現的。
鎖定目標族群	觀察多元族群	從不同的族群不同的年齡進行多元的觀察可以得到最完整的洞見。
找到最愛	找到最痛	人們的痛點往往隱藏著創新的商機，客戶的不方便就是創新的原點，所以我們要多了解客戶遇到的問題遭遇的困難，不是一味的詢問「我要怎麼做你才會更喜歡」。
焦點訪談	田野調查	進入現場，把自己當作人類學家，來追蹤受訪者進行田野調查才能夠了解最真實的需求。

提高觀察力的四個思考階段

第一步，發現問題與定義問題（DEFINE）

　　解決問題的原點在於發現真正需要解決的問題，不要把表面問題當成真正的問題。以下五個問句可以幫助你理解一件事情是否存在問題：

1. 現狀與預期之間有沒有產生落差？
2. 執行過程有沒有發生什麼變化？
3. 執行過程中，哪個部分進行得不順利？
4. 執行過程中，有哪些事情不符合原先計畫的期待？
5. 執行過程中所發生的變化，如果置之不理，是否將發生更嚴重的後果？

第二步，找出問題發生的真正原因（DISCOVER）

　　豐田汽車公司有個方法，當發現問題時，要連問五次為什麼並進行分析，找到根本原因。

第三步，設定解決問題的具體目標（DEVELOP）

　　具體目標必須包含三種限制，也就是目標範圍限制、目標時間限制，以及目標資源限制。

目標範圍限制就是設定解決問題的範圍,例如範圍是在解決研發與行銷兩個部門的問題,而不是全公司所有部門,或是將範圍設定在解決研發流程五個階段中的測試階段,而不是全部五個階段。

目標時間限制就是設定要解決問題的完成時間,例如限制在一周內或是一天內解決。至於目標資源限制,則是要設定解決問題所能運用或投入的資源,也就是要以多少人力或是費用預算來解決問題。

第四步,提出適合的解決對策(DECISION)

運用6W3H針對解決方案進行的有系統地思考。

1. 為何(why)

為什麼要解決這個問題?解決方案為什麼要這麼進行?要達到什麼樣的目的?

2. 何事(what)

必須執行哪些工作項目以解決現狀與預期的差距?需要準備些什麼?目標是什麼?

3. 何時(when)

什麼時候開始?什麼時候完成?什麼時間點進行階段檢查?

4. 何地(where)

在什麼地方執行這項工作較為適當？例如實施地點，通路選擇或是目標市場等。

5. 誰（who）

由誰負責執行？由誰協助配合？由誰監督流程與驗收？專案小組成員有哪些人？

6. 為誰（whom）

為了誰而做？發起人是誰？最終用戶是誰？

7. 如何做（how to do）

如何實施與執行的具體方法？要用到哪些技術和工具？應遵循怎樣的流程？

8. 多少錢（how much）

預算是多少？投入多少成本（原料、設備）？回收多少效益（利潤、投資報酬率等）？

9. 多少（how many）

投入多少非金錢的成本（人力、外在資源等）？回收多少非金錢的效益（產出數量、服務水準等）？

將以上四個階段不斷練習形成思考習慣，將有助於培養自己解決問題的能力。

原則6單元練習

1 「最快的成長就是挑戰自己的極限」，從挑戰中，探索自身擅長與不擅長，並學習分析問題與找解決方案。面對問題去思考到底有可能是哪些原因造成？有哪些方法可以改善？需要哪些人力、物力、做法上的配合？最後又該怎麼把自己的解決方案向別人解釋清楚讓事情順利進行。

　　請列出「一到三件給自我的挑戰，勇於接下一個活動，接下一個困難的工作，接下一件挑戰自我的任務，去享受解決問題的過程。」

---

2 請寫下「在面對即將自我的挑戰的過程中，我需要重新學習哪些東西？」

----

3 在即將面對的自我挑戰任務中，請運用「我的X挑戰」工具中思考出「如果是我來做這件事，我會怎麼做？我會如何善用自己的優點？我看到了什麼問題？什麼會是最有效的方法完成這件事？」

原則 7

表達影響

如果你覺得自己的能力非常優秀，
更別輸在不會說話上。
在自我介紹的時候，
透過簡單流暢的發言，
能夠讓你被更多人知道。
在爭取客戶和商業談判的時候，
你的語言越有力，越能夠說服客戶。

三十秒的開場

　　二〇一六年是兒子國小畢業的一年，兒子的小學畢業
專題是做機率的因素探討，而小學畢業專題的研究發表會
必須把一學年的研究成果進行六分鐘的簡報，簡報的題目
是「運氣還是注定？」

　　為什麼兒子要做這個專題呢？那是因為有一天早餐，
他在吃吐司的時候，不小心把吐司掉到地板上，剛好塗果
醬的那面朝下，兒子當下覺得運氣很不好，為什麼不是另
外一面朝下，於是他想要做個實驗，看看到底這是機率的
問題還是運氣的問題？

　　兒子在做這個專題的時候，我們根本就是全家總動
員。簡單說一下實驗內容，硬幣有兩面，所以會出現兩種
情形，人頭面或數字面，但是如果操縱變因不同的時候，
例如不同的桌子高度？不同大小的硬幣？不同的地板硬度
等，這些變因會影響結果嗎？我的印象非常深刻，因為在

做密集實驗的兩個禮拜中，全家每個人每天晚上都在丟硬幣，在不同的桌子高度丟，在不同的地板丟五十元硬幣、十元硬幣、五元硬幣，每個變因都要丟一百次，而且每丟一次就要記錄結果，丟到我們全家都快發瘋了。

在進行機率實驗的過程當中，我看見兒子每天都在想這個實驗怎麼做會更好？我也親眼看見兒子的研究報告，從一開始的簡單幾句話，到充滿系統性、邏輯性的數據分析，我可以感受到每天兒子都在一點一滴的進步。

試驗結果完成了，研究報告也做好了，終於到了比賽前一天晚上，我看見兒子很開心、很緊張，因為第二天就要比賽了，這個時候我找兒子來聊聊天，我想讓他知道我對他很有信心，所以我問了一個問題：「過去這個實驗我覺得你非常認真努力，今天已經到最後一天了，你覺得還能怎麼讓它更好？」兒子思考了一下告訴我，應該是明天的六分鐘簡報。

兒子問我：「爸爸，這個簡報要怎麼開場才能夠吸引大家注意？」

我問他：「你的簡報內容有哪些？先講一次給我聽。」兒子就在客廳對我進行了一次大約五分鐘左右的簡報內容。

我聽完簡報之後就問兒子：「好，我覺得內容非常

棒,那你希望開場要達到什麼目的?」

兒子說:「我想讓大家笑出來。」

我說:「如果要讓大家笑出來,可不可以想一個出乎意料的動作讓大家會心一笑。」

兒子說:「我做的是硬幣正面反面的機率,所以我在開場就手拿一枚硬幣,直接拋到地上看看是正面還是反面,這樣好嗎?」

我說:「這樣還不夠讓大家出乎意料!」這個時候我看到兒子的眼睛看著我的手機實驗立刻說:「哈哈,那就不要拋硬幣,拋手機好了。」

▌ 如何設計簡報開場的哏?

檢查清單	思考點	兒子的開場簡報
☐	是否能夠讓聽眾出乎意料?	一開始說要拋手機,吸引大家注意,但是,準備要拋的時候,改成用硬幣。
☐	是否能夠讓聽眾笑出來?	兒子隨即把拿手機這隻手放下,另外一隻手舉起來,手上高舉著一枚硬幣。
☐	是否能夠創造懸疑?	大家猜猜看如果這隻手機掉到地上,會是螢幕面朝下?還是背面朝下呢?
☐	是否能夠運用聲音與肢體語言?	所以(加大音量,講完之後停頓兩秒,深呼吸一口氣)……我決定用硬幣來試試看。

　　我說：「拋手機這個哏不錯，大家可能會很有興趣，但是你不能真的拋出這麼貴重的東西。」

　　兒子說：「那我就一開始說要拋手機，吸引大家注意，但是準備要拋的時候，改成用硬幣。」

　　我說：「越來越棒了，試著一開始丟出一個問題讓大家猜一猜，好吧，你來練幾次我來看看。」

　　這是我們父子倆共同思考的一個開場哏，沒想到兒子當天晚上與第二天一大早自己持續不斷的演練了好幾次。果然一上場，他就讓現場的家長與老師們哄堂大笑！比賽當天早上，兒子是這樣開場的：

　　兒子走到講台中間，說了這段三十秒的開場：「各位家長、同學、老師們大家好，在我手上有一支手機（此時兒子手上高舉著我的手機），大家猜猜看，如果這隻手機掉到地上，會是螢幕面朝下？還是背面朝下呢？」

　　我坐在第一排，立刻翻過頭看後面所有的家長，大家都睜大眼睛看著兒子，我想他們可能真的想要看看手機掉到地上會是正面還是背面朝上。

　　接著兒子說：「所以（加大音量，講完之後停頓兩秒，深呼吸一口氣）……，我決定用硬幣來試試看。」兒子隨即把拿著手機的手放下，另外一隻手舉起來，手上高舉著一枚硬幣。

　　這時台下所有家長立刻哄堂大笑，我也跟著笑了出來，除了這個哏真的很好笑之外，我也真心佩服當時兒子的開場表演。

　　最後公布名次，兒子在全新竹市數十組專題報告之中並沒有進入前三名，老婆覺得很可惜沒有得到名次，可是我完全沒有覺得可惜，反而覺得很高興的是，兒子達到了前一天晚上我們父子所設定的目標，他表現很好，在比賽現場散會的時候，有好幾位家長走到我們夫妻以及兒子面前稱讚他的台風穩健，而且非常的幽默，很有大將之風。

　　人生，不是得到，就是學到，對我而言，我也相信這對兒子而言就是成功。成功就是每天進步一點點——只要我今天比昨天進步一點點，明天能比今天進步一點點，這樣的過程就是成功。

把想法賣出去

　　如果你覺得自己的能力非常優秀，更別輸在不會說話上。在自我介紹的時候，透過簡單流暢的發言，能夠讓你被更多人知道。在爭取客戶和商業談判的時候，你的語言越有力，越能夠說服客戶。

　　銷售點子和想出點子一樣重要，想出一個好點子是一件非常棒的事，但是這個只完成了一半，除非你把點子賣

給別人，並且讓他們買單，才算是實現點子。

　　對於每個人來說，未來最具增值的資產，就是你的影響力。每一個人都可以發揮影響力，如何透過表達產生影響力，我認為說出影響力有四個方法：

一、有系統的對事情提出自己的觀點。

二、說自己的故事發揮影響力。

三、將知識轉換的技巧與方法。

四、成為意見領袖。

有系統的對事情
提出自己的觀點

有一回在演講過後，有一位聽眾提出一個問題：「怎麼樣可以好好評論一件事情，提出自己的觀點？」

每個人從學校學習知識，到社會上歷練經驗，對於許多工作或社會上發生的議題，或多或少都會有自己的想法，但是如果要能夠系統化的提出自己的觀點，你需要一個好的架構。

讓我們回想一個情景，你是否看過辯論社的選手針對一個議題的正反兩面進行辯論的過程？例如「你是否贊成同性結婚？」正方代表與反方代表都是經過一個好的架構表達他們各自的觀點。

提出論點時，必須要確定自己站在哪一方，通常提出觀點時內心最掙扎的是，如果贊成正方，就怕被反方攻擊，如果贊成反方，就怕被正方攻擊，所以有些人乾脆兩邊都照顧，兩邊都贊成，而這個恰恰是不恰當的做法，既

然要提出評論，就要能夠明確自己的立場。

　　以下我以寫書、寫專欄與演講的經驗為例來描述我的思路，是我思考一件事情時，從會問的問題到如何思考的方法，以及表達出觀點的做法。以下我以「如何才能不做白工？」為案例，進行觀點設計。

針對議題關鍵字找資料

　　找資料的目的在於幫助自己快速的初步了解這件事，在這個階段，我常問自己以下這些問題：

◆ 這件事情大家共同的經驗是什麼？
◆ 這件事情大家最常做錯、最常搞錯、最常誤解的盲點在哪裡？

　　例如，「如何才能不做白工？」這個題目，我就會收集共同經驗與常見誤區，「你有沒有這個經驗？一件事做了好幾次，到最後還是沒有完成，是否會造成你的情緒沮喪？甚至很多人告訴你，做錯沒有關係，下次再改就好了，但是你卻往往不知道錯在哪裡，也就不知道如何改正？」

X計畫
打造人生黃金交叉線的轉機與關鍵

回答問題並提出觀點

◆ 這件事情為什麼這麼重要？
◆ 這件事情大家需要關心與注意的三個重點是什麼？

　　例如，「如何才能不做白工？」這個題目，我就會回答以上兩個問題並提出自己的觀點，「如果做白工的次數降低，就等於浪費的時間變少，你就可以把時間花在更有價值的事情上。如果要降低做白工的次數，你需要在做事之前先把三件事搞清楚：第一，這件事的目的（Results）是什麼？第二，這件事情進行多久（Deadline）之後看不到成果就必須放棄？第三，這件事情如何驗證（Measure）成效？」

呼籲與行動

◆ 這件事情你希望大家要有哪些改變或是做哪些行動？

　　例如，「如何才能不做白工？」這個題目，我就會用一句總結提出行動呼籲，「你要進行的事情越重要，就更不該一股腦就去執行，而是應該想清楚以上三件事再做。」

　　以上是一個非常簡單的從零開始建立自己觀點的方法，適合從小的短文到中篇文章、到演講，甚至寫書，我都是以以上的五個題目為基礎開始逐步充實自己的觀點。

▮ 有系統地提出觀點步驟

階段思路	問題	觀點
針對議題關鍵字找資料	這件事情大家共同的經驗是什麼？	你有沒有這個經驗？一件事做了好幾次，到最後還是沒有完成，是否會造成你情緒沮喪？
	這件事情大家最常做錯、最常搞錯、最常誤解的盲點在哪裡？	甚至很多人告訴你，做錯沒有關係，下次再改就好了，但是你卻往往不知道錯在哪裡，所以也就不知道要如何改正？
回答問題提出觀點	這件事情為什麼這麼重要？	如果做白工的次數降低，就等於你浪費的時間變少，你就可以把時間花在更有價值的事情上面。
	這件事情大家需要關心與注意的三個重點是什麼？	如果要能夠降低做白工的次數，你需要在做事之前先把三件事搞清楚：第一、這件事的目的（Results）是什麼？第二、這件事情進行多久（Deadline）之後如果看不到成果就必須放棄？第三、這件事情如何驗證（Measure）成效？
呼籲與行動	這件事情你希望大家要做哪些改變或是做哪些行動？	你要進行的事情越重要，就更不該一股腦就去執行，而是應該想清楚以上三件事再做。

說自己的故事
發揮影響力

陳經理是一位要求嚴格的主管，每次同事跟他開會都嚴陣以待，因此大家覺得陳經理很不容易親近，不過有一次陳經理卻讓大家印象深刻。

那是一次年終部門績效檢討會議，由於已經確定沒有達標，所以大家繃緊神經準備接受洗禮，但是陳經理在會議上反而一改常態，說了一個自己小時候的故事，提到他求學時遇到一位啟發他很大的老師，這位老師常常說的一句話讓他銘記在心，「凡事必求對得起自己」，陳經理用這句話勉勵所有部門同事，儘管目標沒有達成，他知道大家都盡力了，也對得起自己。

陳經理的故事感動了許多同事，更願意跟著陳經理一起努力，所以說故事是一個非常重要的影響力技巧。

練習說故事的技巧

大家都愛聽故事，故事具有感染性，而且說故事比事實與資料還令人難忘，甚至可以帶來感動與鼓舞的效果，故事甚至會展現出你對聽眾的尊重。

每個人都有自己最獨特的生命故事，從你的故事中，可以越了解自己是誰，了解自己的價值觀，進而實現自己未來的夢想，以下請花點時間完成撰寫人生故事的練習。

第一步，找出印象最深刻的事件

閉上眼睛，回想自己的成長過程，按照時間順序寫下想得到的一切，包含時間、地點、家人、朋友，以及事件；事件包含正面事件或負面事件。透過這個練習，你會更了解今天的自己，其實是過去所發生的關鍵時刻以及重大事件所累積塑造出來的。

這裡最重要的是要能夠找到那一些在關鍵時刻中影響你做決定的價值觀。簡單的來說就是「轉捩點如何出現？是什麼價值觀讓你決定往這個方向走？」

第二步，說明故事的事由與場景

你需要告訴聽眾這個故事發生的場景，以及他們所

需要知道的背景資料。你可以說「當我進到那家店的時候……」，或者是「當我離開學校的時候……」。

第三步，介紹主角

你要介紹的主角最好是能夠讓觀眾產生聯想的角色，甚至有時候會讓觀眾覺得這個好像是在說他們自己，甚至他們會假設你在說的主角是他們身邊出現的某一個人，你可以這樣說：「當時有一個人，年紀很大，他總是用斜眼看著我，看起來不是很友善……」

第四步，接著說這個主角想要做什麼？

例如他們想要完成某個任務或是追尋某個目標。

第五步，這個主角遇到了什麼障礙？

這是增加故事精采度的重點，這個障礙是一個非常大的困難，或者是來了一個敵人，接下來敘述主角發生了什麼事？

這是整個故事的重點，也就是說主角如何與敵人戰鬥或者主角如何面對難題、面對衝突，這中間的波折可以是一次或者是多次，但是主角堅持到底，最後贏得勝利，這樣子的波折會為你的故事加入非常精采的戲劇效果。

第六步,最後說這個故事的結局

結局可以是從中學習到的教訓,這個故事想要帶給我們的啟發,甚至你可以加上希望聽眾在聽完故事之後採取哪些行動?

▌說故事的練習

項目	說明	故事內容
場景	說明故事的事由與場景	
主角出場	能夠讓觀眾產生聯想的角色	
主角的任務	主角想要完成某個任務或是追尋某個目標	
主角遇到什麼敵人	主角遇到了什麼障礙?	
主角如何戰勝敵人	主角如何與敵人戰鬥或者是主角如何面對難題,如何面對衝突	
主角學到的教訓	這個故事想要帶給我們的啟發	

將知識轉換的
技巧與方法

　　張經理是我在企業內訓中認識的一位學員,有一天下課後,他特地留下來問我一個問題。他說:「老師,在工作當中,你覺得最困難的一件事是什麼?」我對他的問題感到非常驚訝,因為這是一個非常大的問題,於是我先反問他:「請問你現在遇到什麼困難嗎?」

　　張經理有點欲言又止,我請他坐下慢慢說。張經理說:「我是公司內最資深的經理,過去公司的同事有疑難雜症都會來找我,但是去年來了一位新的部門主管,這些同事開始喜歡找這位經理請教問題,我有點不是滋味,請問我要如何看待這件事?」

　　我直接問張經理:「你覺得原因是什麼?」

　　張經理說:「這位新的部門主管常常能夠將公司的專業知識或者是經驗整理成一套一套可以被學習的方法,所以公司同事能夠減少很多摸索的時間。」我回應他:「能

夠將知識（Knowledge）轉換成技巧（Skills），是一個有效自我加值的方法。」張經理非常同意我的說法。

跨部門溝通的必備技巧

在過去職場的經歷當中，我也常常將專業知識或是經驗，整理成可以被其他人學習的方法在公司內部分享，甚至變成企業內訓課程，例如我現在教授的好幾個課程主題，例如「簡報技巧」、「銷售技巧」、「創意技巧」等，都是在這樣的基礎上慢慢發展。下面讓我以「跨部門溝通技巧」為案例進行說明。

讓我假設一件事，你是一位職場工作者，需要常常進行跨部門溝通請對方協助，在過程當中，你需要與對方進行溝通，讓對方清楚你準備請他協助的任務，以及達成雙方的共識。

第一步：將知識點提煉，列出所有需要做的事

或許你一開始也不知道怎麼做，於是在不斷地摸索如何溝通的過程當中，可能經過了幾次的嘗試，你開始發現，交辦任務需要做以下幾件事，於是你就開始列出來：

1. 讓對方知道這件事的目的。
2. 在對方了解溝通目的之後，接下來我們要提供一些資料

並收集對方資料，引導對方說出他的問題或顧慮，了解
對方在不同情境下的需求。

3. 了解對方需求之後，便要尋求雙方的建議與共識，討論
所需的資源與支持。

4. 當雙方互相討論與建議之後，就必須要確認共識。

5. 確認每一個共識後，我們必須將今天的討論與會議進行
總結。

　　以上五點是「跨部門溝通技巧」的知識點，我們將其
提煉出來，接下來要如何轉換為技巧呢？

第二步：進行排序

　　將所有列出來的事情，依照自己的經驗進行先後的排
序與歸類，例如：

◆ 目標說明

　1. 需要先向對方說明此次討論的目的。

　2. 讓對方了解這次討論的重要性。

◆ 探索需求

　1. 向對方說明事實。

　2. 引導對方說出他的問題或顧慮。

◆ 發展方案

　1. 請對方說出解決方案。

◆ 確認共識

　1. 確認如何追蹤進展。

　2. 務必取得對方允諾協助。

◆ 總結決議

　1. 重申結論與重點。

　　以上排序的過程需要轉換為「行為」，例如「向對方
說明」、「請對方說出」等可被執行的動作。

第三步：進行測試與優化

　　我們可以將這套方法進行不斷的測試，過程當中並思
考是否可以適當的增加或是進行修改，也可以參考別人的
方法檢查自己是否有不足或是遺漏的地方，最後形成一個
經過分類、順序排列並完整的方法與步驟，例如：

◆ 目標說明

　1. 需要先向對方說明此次討論的目的。

　2. 讓對方了解接下來討論的程序方法與時間。

　3. 以同理心進行換位思考，找出雙方共同的利益。

◆ 探索需求

　1. 提供分析規畫與背後原因。

　2. 引導對方說出他的問題或顧慮。

　3. 了解對方在不同情境下的需求。

◆ 發展方案

　1. 尋求雙方的建議與共識。

　2. 討論所需的資源與支持。

◆ 確認共識

　1. 列出行動步驟與計畫，確認如何追蹤進展。

　2. 達成一致共識，務必取得對方允諾協助，並當場確認
　　 期限。

◆ 總結決議

　1. 重申結論與重點，並連結目標。

　2. 加強信心。

第四步：命名

　　最後給每一個步驟設計一個代號，或是朗朗上口的口
訣，例如：

1. 目標說明（GOAL）

2. 探索需求（EXPLORE）

3. 發展方案（DEVELOP）

4. 確認共識（CONFIRM）

5. 總結決議（CONCLUSION）

　　最後就形成了「GEDCC跨部門溝通流程」，分成以

下五個步驟。

分類／階段	步驟／方法	範例／案例
目標說明 GOAL	◆ 討論的目的 ◆ 討論的重要性 （對個人與組織 的影響） ◆ 建議進行的程序 或方法 ◆ 換位思考找出共 同利益	◆ 今天的討論目的是⋯⋯ ◆ 為什麼這件事很重要⋯⋯ ◆ 如果我們能⋯⋯有什麼好 處？如果我們不能⋯⋯有什 麼影響？
探索需求 EXPLORE	◆ 收集事實、資料 情境 ◆ 問題或顧慮結果	◆ 你能不能跟我說明現在／當 時的情況？ ◆ 你現在／當時在面對這個任 務的困難是什麼？ ◆ 你現在／當時有什麼擔憂或 顧慮？ ◆ 您的意思是說⋯⋯，是嗎？
發展方案 DEVELOP	◆ 尋求與分享意 見、想法與建議 ◆ 進行討論所需的 資源與支持	◆ 你認為解決⋯⋯困難的方法 是什麼？ ◆ 除了這個方法，還有嗎？ ◆ 你為什麼這樣建議？ ◆ 如果我們要⋯⋯可是又有 ⋯⋯限制，有什麼方法達 到？ ◆ 我們需要什麼資源或說明來 執行你的建議？ ◆ 針對這個問題，我建議我們 的解決方法是⋯⋯

（續下頁）

分類／階段	步驟／方法	範例／案例
確認共識 CONFIRM	◆ 列出行動步驟與計畫 ◆ 確認如何追蹤進展 ◆ 達成一致共識 ◆ 務必取得對方允諾協助，並當場確認期限	◆ 那我們要如何落實剛剛所說的這個方案？ ◆ 那我們要如何追蹤進度和成效？ ◆ 所以如果能……，就可以解決這個問題。
總結決議 CONCLUSION	◆ 重申結論與重點 ◆ 重申與目標的連結性 ◆ 加強信心	◆ 我們來總結一下行動方案？ ◆ 對於要完成這個任務，我很有信心，我們一起加油，謝謝你。

第五步：加上範例

我們在每一個步驟使用的過程當中，會產生許多正確的或錯誤的經驗，這些都可以當成案例，補充在思考架構的細節裡面。

第六步：設計觀察表

我們可以將以上這個架構設計成觀察表，讓別人可以透過他人檢驗的方式來觀察是否能夠正確的使用技巧，以及使用的狀況，請旁觀者給意見，才可以不斷的進步以及確認自己是否越來越熟練。

階段	打勾表示做到	可以如何改進
目標說明 GOAL	☐ 是否有說明討論的目的 ☐ 是否有說明討論的重要性 　（對個人與組織的影響） ☐ 是否有說明建議進行的程 　序或方法 ☐ 是否進行換位思考找出共 　同利益	
探索需求 EXPLORE	☐ 是否收集事實、資料情境 ☐ 是否收集問題或對方顧慮	
發展方案 DEVELOP	☐ 是否尋求與分享意見、想 　法與建議 ☐ 是否進行討論所需的資源 　與支持	
確認共識 CONFIRM	☐ 是否列出行動步驟與計畫 ☐ 是否確認如何追蹤進展 ☐ 是否達成一致共識 ☐ 是否取得對方允諾協助， 　並當場確認期限	
總結決議 CONCLUSION	☐ 是否重申結論與重點 ☐ 是否重申與目標的連結性 ☐ 是否加強對方信心	

成為意見領袖
或策展人

　　「意見領袖」是指在人際傳播網絡中，經常為他人提供並解讀信息，同時對他人施加影響的活躍者。在了解「意見領袖」的同時，我們可以了解一個新名詞，叫做「策展人」。

　　策展人（Curator）是為美術館、博物館、圖書館，或其他商業單位安排藝術家與場地規畫展覽事宜，或是決定文物呈現方式的獨立工作者。傳統策展人可能跟藝品、收藏品、歷史文物有關，但是在數位時代出現了新型態的策展人，叫做數位策展人。

　　在數位時代，每個人都面對非常巨量的資訊，如果要全部理解這些資訊是有難度的，一定要有人協助大眾過濾信息、使用信息、解讀訊息，這就是數位時代所出現的新型態策展人。

　　每一位策展人一定都具有某些議題或是知識的專業，

又是數位時代的活躍者，他替大眾過濾、理解、閱讀信息之後，進行萃取、重新整理、提出觀點、帶領讀者進入正確的閱讀角度。

　　各位可能會認為，這不就是報紙、雜誌等媒體的記者與編輯在做的事嗎？數位時代除了專業媒體記者等專業信息提供者之外，也讓每一個人都有機會發聲，提出觀點，成為意見領袖。

　　每個人都可能是策展人，如果你是網路經營者、部落格主、擁有粉絲團的臉書使用者、微博博客、擁有粉絲的人，這些人只要在網路上有所作為、提出觀點，他們就是意見領袖，就是策展人。

數位時代的策展人

　　在過去傳統的實體世界，如果要讓一件事情一個觀點，讓一萬個人知道並不容易，通常需要有影響力的媒體才做得到，但是在數位世界完全不同，任何一個人只要做對事，運用網路力量的協助，就有機會「一舉成名天下知」。那麼該如何成為策展人呢？

第一步，選擇一個領域

　　例如我想成為「桌遊設計」的意見領袖，我就可以選

擇「桌遊」這個領域。

第二步，廣泛收集與進行深挖

平時廣泛閱讀與「桌遊」相關的文章與產業動態。

第三步，持續輸出

要成為意見領袖不能只是收集資料，而是需要持續不斷產出自己的觀點，最有效的方法就是演講與寫作。

從過去名人政客才能發表演說，到現在素人都有機會發表演講，他們都是透過站在台上的演講能力產生影響力，如果你要成為領袖級的人物，一定要能夠具備站在台上透過說話產生影響力的能力。

大多數人不是天生站在台上就能夠滔滔不絕的演說，而是需要透過練習，我認為最有效的方法就是直接報名比賽，參加活動、自願爭取站上台，舉辦義務演講等強迫自己站上台，次數多了，自然就比較不會害怕，如果要成為意見領袖，上台說話產生影響力是不可或缺的能力。

此外，持續的文章寫作能夠提升一個人的知名度與認同感，如果你能夠日復一日、年復一年的持續保持寫作，你一定是一位意見領袖。

也許你上學的時候非常討厭寫作文，其實那只是你不

喜歡在一個被規定的框架中進行寫作，並不代表你不喜歡表達自己的觀點。

如果你持續產出文章，你必須思考，文章要發表在哪裡，以下是常見的平台：

1. 在你所屬的組織中所發布的平台刊物和簡報中。
2. 在你所屬行業的出版物中。
3. 在報紙或媒體的社論中。
4. 在雜誌的專欄裡。
5. 不要忽略在自己平台的發布機會，可以提高關於你的搜索引擎的可見性，例如你的網站、你的部落格。
6. 可以發送到重要客戶及關鍵人的電子郵件中。

黃金組合：寫作＋演講＋教學＋顧問組合

這可說是一個黃金組合，也是許多意見領袖的成功模式。這四種身分間可以形成完美的迴圈：寫作讓你成為某個領域的意見領袖，演講邀約也隨之出現，等到累積足夠經驗之後，又能開展教學和顧問領域，這條發展之路適合知識型人才。

成為意見領袖並非一朝一夕，經過一段時間的堅持與努力，你一定有機會成為「某個領域的小專家」。

X計畫

打造人生黃金交叉線的轉機與關鍵

▌X計畫人生成長設計工具七
我的X影響力：四大黃金組合之正向循環

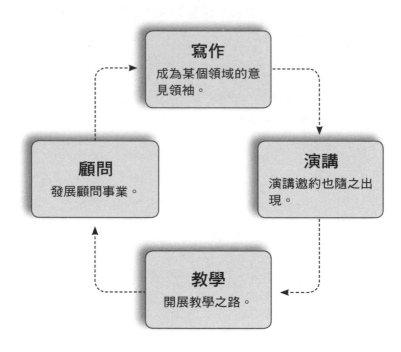

原則 7 單元練習

1 你想過，拿掉名片你是誰嗎？你想過，拿掉名片別人還
會聽你的嗎？

　　當你有一件想做的事或理念，你要學習通過你的影
響力讓一群人一起實現這件事，請寫下「關於你自己，
除了名字之外，請列出五個你覺得可以講的故事？這五
個裡面最能跟別人產生連結的是哪一個？」說說自己的
故事，自己的夢想，號召一群人跟你一起實現夢想。

----

2 你相信你的一句話，真的能改變一個人的人生嗎？請主
動安排與爭取讓自己站上台的機會，分享你的理念與人
生故事。請列出「5個讓自己站上台的機會是什麼？如
果機會來了，你要說什麼自己的故事？」

　　每次演講針對聽眾做需求分析，修改演講重點，從

每次不完美中修正自己，也是另一種自我成長。

---

3 對於每個人來說，未來最具增值的資產，就是你的影響
力。而每一個人都可以通過以下四個方法發揮影響力：

一、有系統的對一件事情提出自己的觀點。

二、說自己的故事發揮影響力。

三、將知識轉換成別人可以學習的方法。

四、成為策展人持續輸出成為意見領袖。

請運用「我的X影響力」四大工具中思考出「我要
如何開始寫作＋演講＋教學＋顧問的黃金組合形成正向
循環的完美迴圈？」

原則 **8**

好奇嘗試

當一位農夫要把果園中的
水果採收之後進行銷售,
通常他會拿起一簍採收籃,
將水果全部採收後
放入採收籃內再進行挑選,
將好的水果進行銷售。
「好奇採收籃」就是運用這個概念。

新的嘗試
讓工作更有趣

　　擔任產品經理的時候，有一次我為了要讓新產品在上市前能夠經過市場的測試，便在進行了產品先期測試者計畫時發現，過去進行這種測試計畫都是把新產品與產品規格直接寄給測試者，測試者憑著他們的經驗決定怎麼測試，然後再匯報測試狀況，告訴我們他所發現的問題並修改方向。

　　當時我就想，這次是不是繼續運用過去的方式呢？當然這是最簡單的方法，我只要把產品寄給過去曾經合作過的測試者，接著就等他們把測試意見寫一封電子郵件給我就可以了，但是我當時心裡想著，如果能夠替測試者以及這個產品多想一點，一定會更好。

以不同情境找出答案

　　我先與客戶服務部門開會，從客戶服務的角度了解他

們過去接收到客戶的問題或是客戶的抱怨可能會集中在哪些部分，這個新產品上市時可能會有哪些使用者的應用情境（User Scenario）。

在會議當中，我收集到六個最常被運用的使用者情境，再加上我身為產品經理所建議使用者應用的環境，加起來總共有十個，於是我寫了一份「先行測試者應用環境測試要求說明書」，裡面總共列了十種使用者情境。我希望除了過去常用的測試方法之外，先行測試者能夠按照這十種使用者情境進行測試，並且把測試結果進行回報並提供建議。

當這一些測試報告收集回來之後，我進一步將這十種使用者情境寫成一份文件叫做「新產品十大建議應用情境」，所有的客戶以及經銷商都會拿到這份文件，這份文件是他們過去沒有看過的，他們認為這個新產品上市的時候，這個文件能夠減輕他們非常多的使用者問題，甚至能夠按照這份文件建議客戶使用，而大部分的客戶使用的情境也都幾乎不脫離這十種使用者情境，客戶與經銷商告訴我們，這份文件對他們的幫助非常大。

在問題發生前先找出問題

為什麼我會這樣做呢？

X計畫
打造人生黃金交叉線的轉機與關鍵

　　過去新產品上市的時候，常常會收到客戶在使用的情境發生操作和使用上的問題，過去我們會針對產品功能進行測試，雖然每個功能都沒有問題，但是套用到使用者真實情境進行安裝及使用的時候，常會發生很難安裝或無法安裝的狀況。這時就會根據收集的問題進行測試，看看是否會發生客戶所提出的狀況，而通常從客戶提出問題到進行測試確認是否有問題，再回報到客戶和經銷商那裡，都會經過很長一段的時間，這都會讓客戶的滿意度降低，也會讓客戶與經銷商覺得這一款產品的問題很多，降低他們銷售的意願。

　　我就在想，如果能夠提前把這件事在新產品上市前先做好，先預測使用者的應用情境，並且讓他們很簡單的按照我們所預測的情境來進行，就比較不會有問題，安裝也會比較順利，問題就會變少，問題變少，經銷商就會覺得產品不錯、很好賣，只要他們覺得產品很好賣、沒問題，銷售業績就會提升。

　　果然這個產品的業績非常的不錯，當然業績不錯不是只有這個原因，只是如果我們能夠多替經銷商和客戶多想一點，往後多想兩步就可以幫助他們。

　　在這個故事中，我所運用的思考架構叫做「TOPN」，也就是從一堆繁複龐大、沒有整理的訊息當中，萃取出

「最常被使用」或是「最好的」等的排名，例如「Top 5 Problems：最常出現的五個問題」，可以幫助接收資訊的人快速了解龐大的訊息。

▌ 嘗試新方法思考表（以TOPN思考架構為例）

思考點	思考內容
使用者可能面臨的困難是什麼？	通常從客戶提出問題，到我們進行測試確認是否有問題，再回報到客戶和經銷商那裡，通常都會至少經過很長一段的時間，這都會讓客戶的滿意度降低，而且也會讓客戶與經銷商覺得，這一款產品的問題很多，也會降低他們銷售的意願。
過去是如何排除這個困難的？	等待客戶提出問題，再依序安排驗證問題、測試問題、解決問題，時間花費很久。
這次可以嘗試新方法嗎？	「新產品十大建議應用情境」，我們所有的經銷商都會拿到這份文件，這份文件是他們過去沒有看過的，他們能夠按照這份文件來建議客戶使用，而大部分的客戶所使用的情境也都幾乎不脫離這十種使用者情境。

好奇心讓世界前進

如何訓練自己的好奇心？

第一，如果……會怎麼樣……

大膽假設看見每一件事情的可能性。

如果汽車裝了翅膀會怎麼樣？

如果用在工作上可以怎麼用？

如果可以十分鐘讀完一本書會怎麼樣？

如果我們想要把家中書架上的所有書跟著我們一起旅行會怎麼樣？

如果人人都吃不到新鮮的蔬菜會怎麼樣？

如果我們喝不到乾淨的水會怎麼樣？

第二，找樂子讓自己快樂

　　奧美廣告公司的創始人大衛‧奧格威先生曾經說：
「當人們覺得不愉快時，很少會創造出好的廣告作品。」
這句話不只適用於廣告公司，還可以使用在任何從事創意
工作的人身上；找樂子可以讓工作更有趣。

第三，玩具百寶箱

　　平常收集一些好玩的、新鮮的、有趣的小玩具，統統
把它放到一個大箱子，不要整齊堆放，腦袋阻塞的時候，
就去這個大箱子隨便翻翻找找，看看能有什麼有趣而且有
創意的方法可以運用甚至組合在一起。

第四，培養一項美的嗜好

　　找一項有興趣的項目，開始記錄美的世界，例如音
樂、攝影、書法、繪畫，任何一個跟五感有關的嗜好，都
能訓練我們的感受力跟創造力。

　　任何一項美的活動，都會培養我們一雙敏銳的眼睛，
看到別人看不到的美景跟細節。

第五，從事小手工

小手工可以讓我們手腦並用，在手作的樂趣當中，大腦正在進行想像力的創造以及空間思維的訓練。

▌訓練好奇心的方法

思考點	如果用在工作上 可以怎麼用	思考內容
如果……會怎麼樣……	可以做一件大膽的嘗試嗎？	
找樂子讓自己快樂	可以讓這件事更好玩一點嗎？	
玩具百寶箱	玩幾個玩具看看能不能啟發一些新想法？	
培養一項美的嗜好	可以讓這件事加上一些美的元素嗎？	
從事小手工	玩幾個小手工看看能不能啟發一些新想法？	

讓有趣
引領學習的動機

　　二〇一六年台北書展，我和大學同學小白逛攤位，結果逛著、逛著就逛到一個很大的桌遊攤位，小白一直慫恿我進去桌遊的攤位，他告訴我桌遊很好玩，但是我覺得雖然我以前常常跟兒子一起玩桌遊，但是我總覺得桌遊對我來講是小孩子的東西，我逛書展是想看看其他的商管類相關書籍能不能啟發我第二本書的想法。

　　後來抵不過小白的一再慫恿，我還是進去桌遊攤位了，讓我無法想像的是，離開攤位之後，我突然發現已經過了兩個小時，而且我竟然沒有感覺到時間過得這麼快。我突然感受到桌遊的魅力，它可以讓我忘記時間但是又非常好玩，從裡面不但可以運用偵探、解謎、策略等的管理方法，還能夠全心投入。這讓我對桌遊有很不一樣的認識，當時我就突發奇想，心想如果我可以設計一款桌遊放在第二本書，那該會是多棒的一件事！

▮ 訓練好奇心的方法

思考點	如果用在工作上可以怎麼用	思考內容
如果，會怎麼樣	可以大膽嘗試將桌遊結合商管書嗎？	了解桌遊機制與兒子一起玩

讓桌遊結合職場的需求

　　我當場買了三款現場玩過的桌遊，回家之後迫不及待跟兒子一起玩，想要告訴兒子怎麼玩這三款桌遊，但是我突然想到，如果我要設計桌遊，或許可以換個角度，先看看他怎麼從零開始認識這三款桌遊，從兒子打開包裝盒、拿起配件、了解遊戲規則、認識遊戲的過程當中，我學習到很多事情。

　　緊接著我就讓老婆還有兩個小孩加上我總共四個人一起玩桌遊，我也想看看兒子如何跟我老婆和女兒講解這個桌遊怎麼玩，以及我們四個人一起玩的過程中，會發生什麼事，我先當個觀察者。當天全家玩完桌遊之後，我立刻跟兒子說：「我想幫第二本書設計一套桌遊，我們一起來設計好不好？」

　　「好哇！」兒子說完之後就拿了一張紙、一枝筆，跟

我說：「爸爸，你跟我說你的第二本書寫什麼？」我就跟兒子說第二本書想要將職場或工作上最常發生的問題列出來，然後為每個問題提出解決的方法。

只看見我的兒子在空白的紙面正中間畫了一個小圈圈，外圍畫了兩個比小圈圈更大的同心圓，這樣看起來就是一個三個層次的圈圈。

兒子在第一個內圈寫下「問題解決方法」。然後就看著我說：「爸爸，桌遊分成策略型桌遊跟派對型桌遊，我覺得你的桌遊比較是策略型桌遊，那你剛才跟我說的方向，我覺得你要設計情境，以及你的工具要用元素來呈現，所以你要設計情境卡跟元素卡。」

我聽完立刻驚為天人！當天跟兒子討論完之後的晚上，我完全睡不著，腦袋中一直在圍繞著兒子在A4紙上所畫的三層同心圓架構。三天後，我決定將三天來思考的東西做出一個雛形，於是我快速在電腦上將我的桌遊概念畫出來，並在彩色雷射印表機上印出彩色的情境卡、元素卡跟桌遊地圖。

不斷測試驗證才能實現

為了驗證這套桌遊是否可以達到如期的效果，我花了幾個月的時間，找了十六位朋友進行試玩，前後修改了

二十三次，其中有一次特地到台北找小白試玩，那一次試玩之後又進行了大幅修改，我體認到一件事，快速將想法變成原型，並將原型不斷測試，才能將想法轉換成做法，讓想法有機會實現。

「左思右想」上市後迅速拿下商業管理類新書排行榜冠軍，甚至有讀者說「這是繼二十年前的大富翁之後，我的第二套桌遊」，被很多的讀者運用在思考新點子、進行腦力激盪會議、設計新產品與服務等不同面向。

現在回想當時將桌遊放進第二本書，對出版社以及我個人來說，都是一個大膽的嘗試。對我人生更有意義的是，這是我跟兒子一起合作完成的作品。

靈活運用「好奇採收籃法」的四步驟

任何人生的改變與調整，除了自行評估之外，更要廣泛徵詢意見，才能夠客觀地進行分析與評估，做出正確的抉擇，建議進行「好奇採收籃法」。

當一位農夫要把果園中的水果採收之後進行銷售，通常他會拿起一簍採收籃，將水果全部採收後放入採收籃內再進行挑選，將好的水果進行銷售。「好奇採收籃」就是運用這個概念。

第一步：雜學

在自己的專業領域之外，嘗試各種不同領域的知識與興趣，例如，閱讀各種不同方向的書籍，如歷史、心理、藝術等，嘗試不同的戶外運動，如登山、潛水、露營、釣魚等，先不要自我設限，透過「雜學」找到自己的興趣。

第二步：廣泛徵詢意見

找六至十位值得信賴的親友，分別告訴他們你對未來的計畫，並諮詢他們對你個人以及對你未來規畫的看法。透過這個方法，可以從外部客觀的眼光中比對自己與別人角度的不同，挖掘幾項值得持續發展的興趣，並且思考不同的興趣之間是否有機會結合，以產生興趣圈的發展方向。

例如，你喜歡讀心理學的書、也喜歡易經與風水、也很喜歡跟人聊天，或許你可以結合這三個興趣嘗試繼續發展成為「心理諮商師」。

第三步：試水溫

直接投入一部分的時間在你的時間安排與工作規畫當中試試水溫。例如你可以在工作之餘，運用中午吃飯與同事聊天的機會，主動幫助同事發現目前工作或生活卡關的癥結點，並給出幾個好的建議，如果對方覺得對他很有幫助，他可能就會繼續來找你，這就是一個嘗試與實驗的過程。

第四步：調整與確認

　　從試水溫的過程當中，你會發現需要調整與改變的地方，例如你認為需要加入音樂，才能讓對方暢所欲言地說出目前遇到的問題以及當下的感受，於是你會開始研究音樂，你可能會將自己原來的「心理諮商師」定位，調整成「音樂心理諮商師」的方向。

　　相反的，從試水溫的過程當中，你發現並無法達到預期，這個時候可以再回到第一步與第二步，重新再進行更多嘗試，或是重新再做幾次諮詢，直到找到自己最有興趣與最有熱情的方向為止。

行有餘力，
幫助需要幫助的人

　　我的第二本書《左思右想》出版之後，接到四面八方的學校老師來信，希望可以學習「如何自製桌遊」的設計方法，由於來信的對象大多數是學校的老師，我非常清楚學校的老師本身就是一個奉獻社會的工作，所以我便開始思考有沒有機會在與企業內訓與顧問輔導的工作之外，能夠對這個社會有一些貢獻。

　　基本上我認為，如果每個人都能夠行有餘力，幫助需要幫助的人，這個社會一定會更好，於是我決定發起一個公益活動，將我設計桌遊的方法與經驗讓更多學校老師能夠學習與受惠。

　　人生不要只從工作的功利面向定義自己，把生活、家庭、旅行、志工等想做的都納入人生才真正圓滿。管理大師大前研一說：「人過五十歲之後，還會想做的事就是生命的價值。」我發現「教學桌遊設計」讓我樂此不疲，即

使沒有報酬也心甘情願，內心的聲音不斷告訴我，我可以用桌遊幫助這個社會。

公益活動有些人捐錢，有些企業捐贈物資，已經有這麼多人做這些事了，所以不缺我再做一樣的事，我微薄的力量也無法做到「改變教育」這件事，更不想抱怨教育體制，我只希望捲起袖子，與「真正第一線執行教學」與「願意改變教學方法」的老師們，一起透過「教學用桌遊DIY」的技巧與方法，讓改變就在自己的教室發生，讓自己的學生更愛上課，更願意主動學習。

如果我一個人來做幫助有限，於是我萌生一個想法：「如果我可以找到幾位志工，我把設計桌遊的方法教給志工們，再由志工們一起到許多學校帶領更多的學校老師們設計桌遊，這樣不是可以讓更多老師們受益嗎？」

從萌生想法到步步實踐

一開始我嘗試在我的二〇一六年七月份與八月份的五場演講中公布這個想法，公開徵求志工，也就是桌遊設計種子講師。其實一開始還沒有完整計畫，只是一個初始的想法，我當時想，如果有十位志工就啟動這個計畫，沒想到有超過三十位報名，志工團人選我考慮評估了很久，以產業的廣度與多樣性為主，同產業與同性質的人，基本上

X計畫
打造人生黃金交叉線的轉機與關鍵

只選一位入社團，如此才更有機會碰撞出更多火花，最後我以「意願高且每個領域只有一位」的原則遴選了二十位志工，希望以企業的經驗重新思考教學桌遊這件事。

二十位種子講師中有桌遊講師、專欄作家、創新講師、企業人力資源、活動主持人、創業家，還有來自醫界、學界、中小企業、大型企業、外商企業等。志工領域非常的豐富多樣性，我們可能是台灣第一支「跨界整合」的桌遊設計志工團隊。

問題來了，如果志工找到而沒有學校提出申請，這個計畫也無法執行，於是緊接著我在社群貼出公告，開放全台灣各級學校申請，沒想到只開放一周，就有超過四十個單位申請。扣除商業機構的申請之外，共有三十三所學校與社福團體申請。

由於志工團都有正職、都有工作，所以資源與時間有限，所以我們最終只能選擇幫助十所學校與社福團體。過程中，志工團分別以意願、熱情、動員力、與日期四個條件進行評估，最終入選十個名額（十所國內各級學校與社福團體）。

我們的目的是以最簡單最有效的桌遊設計方法讓我們的對象（學校老師或教學者）學會並運用，我以史丹佛的設計思考 Design Thinking 為基礎，加上我在《左思右

想》桌遊的設計過程經驗發展出的「I.D.E.A. 教學微桌遊
設計方法」，再加入志工團各領域的專業，期待可以激盪
出最棒的一套「教學用桌遊設計」模式與經驗法則，能真
正幫助需要幫助的人。

　　公益計畫最後定名叫做「10×10教學微桌遊公益環島
計畫」，第一個「10」是「10」所學校與社福團體，第二
個「10」是希望每個單位產生「10」個成果，希望這個公
益計畫能夠產生「10×10＝100」個「教學用桌遊」，並
運用在各級學校與社福團體中，讓教學更有趣，讓教室更
多笑聲。

　　台灣第一個系統化創造一百套教學用自製桌遊的公益
計畫正式啟動，二十位職場工作者自願犧牲假期成為桌遊
種子講師，從二〇一六年十一月起，花八個月的時間到全
台灣十所學校與社福醫療機構幫助各十位老師與教學者
（國英數史地理化等）共設計一百套「教學微桌遊」，並
將一百套（10×10＝100）桌遊成果以CC0授權的方式，
公開放置在網路平台上共享，供全國所有教師與教學者無
償下載，自由取用運用在教學上。

什麼是「教學微桌遊」？

　　教學如何激發學生自主學習的熱情？運用桌遊是一個

非常棒的教學方法。然而桌遊即使再有趣,老師也不一定適合把一整堂課的全部時間都拿來玩桌遊。而且,市面上多數桌遊都是以娛樂性為主,如果我們要直接運用市面上所買得到的娛樂性桌遊來進行教學,則會有三個問題,一是遊戲時間可能太長而影響教學進度,二是雖然滿足了娛樂性的目的,但是無法有效達到教學的目的,三是整套桌遊太大而較難進行調整以適用於教學。

於是「教學微桌遊」的理念應運而生,「教學微桌遊」是在一整節課當中,以十分鐘左右的時間將桌遊融入到教學當中,可以解決上述問題,既不影響教學進度,又能達到激發學生自主學習熱情的效果。

然而,「教學微桌遊」需要老師們根據自己的學科需求自行設計桌遊,但是,自行設計桌遊不是一件非常複雜的事嗎?過去自行設計製作一套桌遊需要花超過三個月的時間學習與設計,我希望打破「設計桌遊是一件非常複雜的事」的迷思,嘗試以「三十分鐘從零開始設計一套教學微桌遊」的理念,到全台各級學校單位對教師們進行分享與實作,經過長達十個月與超過一百位教師們的實作中,終於有效創作出一百三十九套「教學微桌遊」,運用到語文數學化學等學科甚至心理與醫護領域,節省了每位設計者百分之八十的學習與設計時間,激發上萬名學生自主學

習熱情的效果。

　　整個公益活動從一開始沒有完整的計畫，到最後發展出超乎我預期而且非常豐碩的成果，原則上就是以「好奇採收籃法四步驟」的方式在進行，我非常推薦讀者運用這個方法。如果你有一個興趣想要發展，一開始並沒有完整的計畫，你可以運用我這樣的步驟讓自己從興趣開始，或許到最後可以發展成你的事業和志業。

▌ X計畫人生成長設計工具八
我的X興趣：練習從興趣開始發展成事業或志業

步驟	方法	以10×10公益活動為例
第一步： 雜學	在自己的專業領域之外，嘗試各種不同領域的知識與興趣。	從展覽中接觸桌遊，從與兒子互動的過程中了解桌遊。
第二步： 廣泛徵詢意見	從外部客觀的眼光中，比對自己的角度與別人角度的不同，產生興趣的發展方向。	在演講中公開徵求志工，並與志工共同發展計畫。
第三步： 試水溫	直接投入一部分的時間試試水溫。	試著在社群公開計畫，看看網友的反應，了解哪些學校單位有興趣。
第四步： 調整與確認	從試水溫的過程當中發現需要調整與改變的地方。	在志工講師實作過程中調整，在環島執行過程中不斷確認計畫的可行性並調整。

X計畫
打造人生黃金交叉線的轉機與關鍵

豐碩的成果和回饋

二〇一七年七月，我們在清華大學舉辦了成果展覽，吸引超過上千位民眾到場參觀，更有許多媒體到場報導，例如《民視新聞》電視報導「上課變有趣，教學融合桌遊，學生樂意學」、《新唐人亞太電視台》電視報導「教學桌遊公益環島計畫，激發學習熱情」、《中央社》新聞報導「上課不再乏味，百套桌遊教材齊聚尬創意」、《蘋果日報》新聞報導「元素周期表變桌遊，清大校友將上課變有趣」、《聯合報》新聞報導「桌遊翻轉教學，100 套無償取用」、《經濟日報》新聞報導「翻轉教室，百套教學桌遊設計無償大公開」、《環宇廣播電台》廣播報導「10 × 10 教學微桌遊公益環島計畫」。

如今已將百套教學桌遊設計的所有成果無償大公開，提供對創新教學有興趣的教學者自行下載並運用於教學中，二〇一七年七月開放短短三個月，已經累積超過九萬五千次下載。

對我而言，為期一年的「10 × 10 教學微桌遊公益環島計畫」是一趟旅程！讓我學會享受過程中發生的一切喜怒哀樂！我相信「你能翻新的角度與機會，總遠比你自己想像的多更多」。

　　我想藉由此書特別感謝參與「10 × 10 教學微桌遊公益環島計畫」的志工講師群以及專家群。

◆ 志工講師群

　　魏美棻（圖解筆記溝通師）、郭雪瑤（獨立文字工作者）、陶育均（新事業發展部經理）、朱淳暉（威盛保險經紀人處經理）、吳曉華（瑞華國際智庫培訓顧問）、陳文惠（義大醫院牙科部代理部長）、林秀卿（金控 HR）、陳柏諺（Avon 資深人資專員）、王曉萍（新光人壽業務訓練）、許維蓉（交通大學服務學習中心助理）、符敦國（創意講師）、劉皓（專業桌遊講師）、游皓雲（雲飛語言文化中心負責人）、林美薇（邦訓企管教育訓練）、王文利（慈濟醫院社區醫學部主任）、鄭名甫（外商工程師）、陳韻如（專業主持人）、徐禹維（阿德勒正向教養講師）、呂淑蓮（邦訓企管執行顧問）、吳逸雯（淡江大學物理系大三生）。

◆ 專家群

　　侯惠澤教授（國立台灣科技大學應用科技研究所迷你教育遊戲團隊）、洪家駿董事長（環宇廣播）、林鈺城老師（Mike Lin／Fatbat／肥蝙蝠／竹北市中正國小英語教

師）、許永清（許奶爸，親子桌遊達人）、張娉儷（前翰林出版高級企劃）、陳婉瑜（桌遊莓，兩岸遊戲專家）。

原則8單元練習

1 「快樂，是所有選擇的初衷。」

　　請回想你的人生當中曾經有過的不同體驗，從中探索，請寫下「真正讓自己感到快樂」的到底是事情的哪一部分？

---

2 請放下「我應該要……才對」「我如果……就是失敗」的成見，不要只從工作的功利面向定義自己，把生活、家庭、旅行、志工等想做的都納入人生才真正圓滿。

　　工作與興趣有可能集合嗎？最美的夢想就是把興趣變成工作，或是把工作做出興趣。

　　管理大師大前研一說：「人過50歲之後，還會想做的事就是生命的價值。」

　　　　請寫下「什麼事情讓我樂此不疲，即使沒有報酬也心甘情願？你內心的聲音不斷告訴你，你的興趣是什麼？」

-----

3 「好奇心看見每一件事情的可能性」

　　　　請運用「我的X興趣」工具中思考出「我要如何在自己的專業領域之外，嘗試各種不同領域的知識與興趣，並直接投入一部分的時間試試水溫？」

思考邏輯

將自己的經驗在團隊面前分享，

可以幫助自己回顧

這個經驗與事件的過程，

而且為了進行分享，

你會將經驗與事件的過程

按照順序釐清與說明，

而這個順序就是思考架構的起點。

頂尖專家的養成法

　　就讀東海大學的時候，有接近三年我都在民歌西餐廳駐唱，所以我這輩子最大的業餘愛好是彈吉他，但是我發現我彈吉他彈了很久，也很喜歡彈，但是水準卻一直無法提升，甚至每隔一段時間拿起來彈，還會發現能力正在倒退當中。

　　我有個朋友很喜歡潛水，每兩個禮拜就要潛水一次，甚至還到國外去潛水，但是他也有同樣的疑惑，潛水能力也沒有辦法有效提升。我發現有好多人跟我們有同樣的問題。

　　舉例來說，有一個人對電玩擁有極大的熱情，也花了很多時間在玩這個遊戲，卻不一定會深度研究這個遊戲，可是很多很厲害的遊戲玩家雖然同樣也花了很多時間，他們卻一直不斷的思考如何過關，如何練習更有效的技巧，這跟許多人純粹只是有興趣，屬於淺層方面的娛樂，有很

大的一段差距。

多少籃球選手對籃球有熱情，但是能像柯瑞（Steven Curry）一樣，把三分球一投再投瘋狂練習的又有幾位？多少棒球選手對棒球有熱情，但是能鈴木一朗一樣，把揮棒打擊一揮再揮瘋狂練習的又有幾位？所以有熱情只是一個起點，不斷的練習才能夠達到終點。

刻意練習的必要性

任何一個工作超過十年的人都很有經驗，但是大部分人並沒有成為這個領域的專家。那麼到底是什麼決定了一個人可以成為領域內頂尖的專家？

心理學家安德斯‧艾瑞克森（Anders Ericsson）根據三十多年的研究發現，要達到顛峰表現的關鍵因素並不是天賦，也不是經驗，而是「刻意練習」的程度。

刻意練習是指為了提高績效而被刻意設計出來的練習，它要求一個人離開自己的熟練和舒適區域，不斷地根據方法去練習，以提高表現。

有的人有十年的工作經驗，但是大部分時間都在無意識的重複已經做過的事情，也就是只有一年是從學習到熟練技能的真正成長時間，另外九年都在重複第一年自己做過的事情，真正用於刻意練習的時間，可能都在第一年發

生的不到一百個小時中。

有的人只有兩年工作經驗，但是每天花費大量額外的時間做刻意練習，不斷挑戰自己完成任務水準的極限，用於刻意練習的時間可能超過一千個小時。所以，為什麼有的人工作十年仍然不是專家，有的人兩年就可以有頂尖的表現。

表面上看起來是十年和兩年的差距，實際上是一百個小時和一千個小時的差距，因為真正決定頂尖表現的並不是工作時間，而是真正用於刻意練習的時間。

沒有人可以憑空進步，一個人要進步，必定是學了什麼、吸收了什麼，讓某些東西進入大腦裡，許多人卻往往忘了讓自己持續進步，人一旦停止進步，生命中的可能性就越來越低，若能每天持續進步，便可以透過時間上的安排與習慣做到這一點。

重複練習可以熟能生巧，例如不斷練習三分球，練習距離準度，練習手感與身體平衡感，簡單說就是練習一個投三分球的公式，但是通過不斷重複的公式練習，並不能保證你到真實球場上也能夠正常發揮，因為真實球場上還有很多公式之外的刺激點，這些刺激點是瞬息萬變的、有時間壓力、有不同的人用不同的策略防守你等狀況。

如果把練習三分球公式與真實球場上的刺激點轉換成

思考來舉例，練習三分球公式就是練習思考模式，重複能夠讓你熟練思考模式，成為反射動作，但是你需要加上刺激點，才能夠到真實的企業環境中運用。

找到事情背後的邏輯

　　有一個著名的理論叫做一萬小時定律，理論認為一萬小時的練習能夠讓平凡人變成大師，我也曾經深深的相信這個理論，但是直到我讀了一本書，這個疑惑終於解開，這本書就是《刻意練習》。

　　《刻意練習》這本書告訴我們，一萬小時定律有個非常大的問題，就是長時間的反覆練習並不必然會成功，專業選手和業餘選手之間最大的差別並不在於掌握技能的熟練程度，而在於是否掌握了「思考架構」。

　　什麼叫做「思考架構」？所有的知識、技能與經驗，都具有某種結構，這些結構就是思考模型，這個思考架構就是「事情背後的邏輯」。

　　十九歲就考上會計師，二十八歲就進入麥肯錫工作的勝間和代，回顧她的職涯轉捩點，從剛進入職場被同事認為「思考欠缺條理，說話沒有重點」，到能夠有條理、有

重點面對企業客戶問題，這個改變的關鍵在於勝間學會一
套「想事情的方法」，讓她能夠在短時間內抓出重點，進
行重組，提出解決方案，這套想事情的方法她稱之為「思
考架構」。

找出自己的思考架構

心理學的研究結果表明，在人類日常的思維和理解活
動中，每當遇到需要分析和解釋所遇到的新情況時，大腦
會使用過去經驗中所累積的知識。

例如當我們走進一家從來沒去過的咖啡廳，根據以往
的經驗，我們可以預期到在這家咖啡廳將會看到吧台、桌
子、服務生、聞到咖啡的香味等。當走進教室的時候，可
以預期到我們在教室裡面可以看到黑板、桌子、椅子、老
師、學生等。當要學習一個新技能的時候，也可以預期到
我們可以看到這個技能的步驟、練習時間、循序漸進並由
淺入深等。

我們的大腦會試圖用以往的經驗分析解釋當前所遇到
的情況，這些過去累積的知識都會在腦袋中形成一種架
構。在管理當中，我們也可以常常看到一些管理理論，這
些管理理論都是從許多管理經驗中萃取出的思考架構。

例如麥肯錫公司的「金字塔原理」就是一種「思考架

構」、豐田模式的「連問五次為什麼」也是一種「思考架構」、我的著作《左思右想》中的「創意九式」與「邏輯九式」也是一種「思考架構」。

　　每一份工作、每一次任務、每次處理問題，其實都是一段非常精采的過程，但是到底你能從這段過程當中體會出多少結構，這就取決你萃取和應用思考架構的能力，也是找到事情背後邏輯的能力，而這也直接決定了你在職場進階的速度。

　　我有一個朋友張啟程曾經是知名企業的總經理，他跟我分享當年他尋找接班人的過程。他同時找了兩位候選人進到公司，這兩位候選人的專業能力都非常棒，為了觀察他們是否能接任總經理，啟程先不跟他們兩位說明未來要接班總經理這個職務，而請這兩位候選人同時參與一個「大客戶銷售流程資訊系統」的專案。

　　三年後，其中一位成功接任總經理，另外一位則是資訊部門的協理。三年前都是同樣的起步，三年後到底是什麼造成兩者之間的差距？

　　啟程說，他對兩位工作上的專業都很放心，他比較想了解兩位對於公司重要專案與方向上的思考與態度，所以通常都趁著晚餐時跟他們聊聊看法。

　　新任資訊部門的協理對專案的看法常是類似這樣的：

這個專案的客戶 A 特別難搞，要求特別多，需求常常臨時改來改去，搞得我們天天晚上留下來加班，都是因為這些需求的臨時變化，希望這個專案趕快結束，不然我們團隊一定會崩潰。

而新任總經理對專案的看法常是類似這樣的：

從這個專案裡面看來，我們在接到需求之後的執行速度是快的，但是我們在跟客戶訪談以及需求確認上的速度相對比較慢，與過去幾個專案比較，我分析出來整個的銷售流程分成六個階段，我接下來會用專案管理的方法將這六個階段進行監控與管理。

相信各位已經發現，這兩位候選人在後續發展的差距，從這段談話當中就可以看得出來。現任總經理整理了一個銷售流程的思考架構，在這個思考架構中，他將做得好與做不好的部分，在框架當中找到相對應的點進行分析整理，有目的性的找方法改善。

因為新任總經理掌握了萃取和應用思考架構的能力，他會將經歷過的工作先建立一個框架，再有目的性的分析這個框架，並且系統性的累積經驗與學習，因此任何一份

工作他所萃取出來的框架就會很全面,這種找到事情背後邏輯的能力,是一種可複製的能力,也是可移動的能力。

相反地,新任資訊部門的協理並沒有應用思考架構進行思考的習慣,如果換成另外一份工作,他依然沒有辦法全面提升能力,而且從上一份工作當中累積的能力能夠完全轉換到下一個工作也會非常有限。

決定能力高低的不是知識量,
而是思考架構量

找到事情背後的邏輯,也就是應用思考架構進行思考的習慣,直接決定了你在職場進階的速度。

勝間和代將思考架構定義為:「將任何的概念或是思考方式透過自己的方法加以歸納整理,轉變成容易思考、容易記憶的內容。」也就是說,思考架構就是解決問題與思考問題的架構。

公司的高層管理者以及老闆能夠成功運營一家企業,並不純粹只在專業知識以及行業經驗,更重要的是在構建思考模型解決問題和設計流程。這也是為什麼通常企業高層管理者可以轉型成諮詢顧問,或是諮詢顧問也可以轉型成企業高層管理者的原因。所以,決定能力高低的不是知識量,而是思考架構量。

▊ 常見的思考架構或思考模型

思考架構	說明
金字塔原理	麥肯錫最知名的邏輯思考術，是一個以結論為頂點，由支持結論的方法或證據層層堆疊而成的金字塔型，在金字塔結構中，用以闡明結論和證據之間的「縱向關係」，稱之為「So What?／Why So?」；而確保諸多證據或方法已涵蓋所有問題範圍的「橫向關係」，則稱之為「MECE」。
連問五次為什麼	由豐田生產方式（Toyota Production System, TPS）的創始人大野耐一極力倡導的技巧，要求每個人面對問題時，一定要反覆詢問5次「為什麼」，強迫自己跳脫直覺思考，徹底了解狀況與定義問題，才去思考解決方案，確保所做的改善能夠發揮最大效益。
設計思考	設計思考（Design Thinking）是一個以人為本的解決問題方法論，透過從人的需求出發，為各種議題尋求創新解決方案，並創造更多的可能性。IDEO設計公司總裁提姆‧布朗曾在《哈佛商業評論》定義：「設計思考是以人為本的設計精神與方法，考慮人的需求、行為，也考量科技或商業的可行性。」
五力分析	麥可‧波特在1979年提出的架構，其用途是定義出一個市場吸引力高低程度。波特認為影響市場吸引力的五種力量是個體經濟學面，而非一般認為的總體經濟學面。五種力量由密切影響公司服務客戶及獲利的構面組成，任何力量的改變都可能吸引公司退出或進入市場。
破壞性創新	學者克雷頓‧克里斯汀生定義破壞性創新是針對顧客設計的一種新產品或是一套新服務。是指將產品或服務透過科技性的創新，並以低價特色針對特殊目標消費族群，突破現有市場所能預期的消費改變。破壞性創新是擴大和開發新市場，提供新的功能的有力方法，反過來，也有可能會破壞與現有市場之間的聯繫。

（續下頁）

X計畫
打造人生黃金交叉線的轉機與關鍵

思考架構	說明
SWOT 分析	是一種企業競爭態勢分析方法，是市場行銷的基礎分析方法之一，通過評價企業的優勢（Strengths）、劣勢（Weaknesses）、競爭市場上的機會（Opportunities）和威脅（Threats），用以在制定企業的發展戰略前對企業進行深入全面的分析以及競爭優勢。
專案管理的 IPECC 流程	根據專案管理資料識體系（Project Management the Body of Knowledge, PMBOK） 專案流程會有五階段，分別為： • Initial Process --------------------------- 啟動 • Planning Process ----------------------- 計畫 • Executing Process ---------------------- 執行 • Monitor and Control Process -------- 監控 • Closing Process ------------------------- 收尾 也稱為 IPECC流程
PDCA 步驟	PDCA（Plan-Do-Check-Act 的簡稱）循環是品質管理循環，針對品質工作按規畫、執行、查核與行動來進行活動，以確保可靠度目標之達成，並進而促使品質持續改善。由美國學者愛德華茲·戴明提出。

學習不要盲目地進行

我在二〇〇四年進入合勤科技服務，當時第一個重要任務就是製作一份準備要上市的新產品簡報PPT，在製作新產品簡報的過程當中，我慢慢了解公司內部有非常多的產品線，每年每條產品線都有許多新產品要上市，只要新產品上市就需要製作一份新產品簡報，幫助客戶服務部門、業務、客戶以及經銷商了解產品，算是一份非常重要的溝通文件。

我的第一份新產品上市簡報就是「防火牆產品線」，在準備的過程中，我意識到這份文件的背後有非常多的產品技術細節以及產品知識需要研究，甚至需要知道這個產品適合哪些通路，如何為這些通路設計銷售語言等。

一般來說，最好的狀況是，必須要等到全部的知識都吸收才能夠開始製作文件，但是時間有限，我不能盲目學習，必須思考更有效的方法，後來我把這個方法叫做「建

立自己的思考架構」，目的不是海納所有的知識，而是有目的性的整理與萃取知識。

有架構才有邏輯

當時我先列出新產品簡報到底要具備哪些元素？例如，新產品名稱與介紹、目標市場與客戶、客戶需求與希望解決的問題、新產品特色、競爭對手分析、產品為客戶帶來的效益、產品應用場景、產品定價、客戶證言，測試報告、如何購買、售後服務等元素。

我試著將學到的知識、技巧、所有意見、想法和經驗，不加取捨與選擇的統統收集起來，並把問題或做法寫在卡片上，將所有相關的事實或資訊一件一張地抄寫在卡片或是標籤上，每一張卡片只寫一件事實或資訊，將問題以重點條列式寫在卡片上。

接著我就開始思考，總不能全部寫出來而沒有順序吧！那麼要如何排序呢？我將上個階段中的卡片分組，仔細閱讀每一張卡片，把內容相似的卡片放在一起再分組，並且為每一組命名，將組名寫在一張新卡片上，放在該組卡片的最上方，而且重複進行更高階的分組／命名的過程，再依據組別的邏輯進行排序，將所有分組的卡片以其隸屬關係排序，並用線條把彼此有聯繫的連結起來。

　　我還參考了心理學當中的說服學，從說服學當中，我了解到如果簡報要具有說服性，需要有順序的一步一步進行說服。所以我收集起來之後，便依照順序排列，再依照層級拆解成類似 ABC、A1A2A3、B1B2B3、C1C2C3 的架構，依序分層拆解。

　　簡單來說，這個「說服心理學」的順序就是：「你遇到了一個很大的問題，然後我有一個新產品比其他產品更厲害，可以解決你的問題，我來證明給你看，你一定要把握機會購買。」於是我就把上述這些元素依照說服學的順序進行排序來建立新產品簡報的邏輯，依序如下：

NFABER 說服公式

　　所謂的 NFABER 說服公式，包含以下六大元素：

◆ N（Needs）：客戶的需求或是需要解決的問題。
◆ F（Feature）：新產品的特色。
◆ A（Advantage）：新產品優點與競爭分析。
◆ B（Benefit）：新產品對客戶的好處。
◆ E（Evidence）：客戶證言與測試報告。
◆ R（Request）：如何購買與售後服務。

　　有了這個架構之後，從此之後，NFABER 就成了我

的思考架構，以後我需要準備「具說服力的溝通文件」就按照我自己建立的思考架構來準備，就會更有效率。

　　不要盲目學，要建立自己的思考架構，建立自己的分類字典與知識體系，拆完就學會了。

▌X計畫人生成長設計工具九
　我的X學習：練習發展自己的思考架構（以NFABER為例）

步驟	方法	案例
收集元素	不加取捨與選擇的統統收集起來	先開始列出到底新產品簡報裡面要具備哪些元素？例如，新產品名稱與介紹，目標市場與客戶，客戶需求與希望解決的問題，新產品特色，競爭對手分析，產品為客戶帶來的效益，產品應用場景，產品定價，客戶證言，測試報告，如何購買，售後服務等元素。
排列元素	依照層級拆解成類似ABC，A1A2A3，B1B2B3，C1C2C3的架構，進行依序分層拆解	「說服心理學」的順序簡單來說就是：「你遇到了一個很大的問題，然後我有一個新產品，比其他產品更厲害，可以解決你的問題，我來證明給你看，你一定要把握機會購買。」
建立思考架構	建立思考的邏輯	NFABER說服公式，包含以下六大元素： ◆N（Needs）：客戶的需求或是需要解決的問題。 ◆F（Feature）：新產品的特色。 ◆A（Advantage）：新產品優點與競爭分析。 ◆B（Benefit）：新產品對客戶的好處。 ◆E（Evidence）：客戶證言與測試報告。 ◆R（Request）：如何購買與售後服務。

建立自己的思考架構

　　《連線雜誌》（Wired）的共同創辦人凱文・凱利（Kevin Kelly）說：「如果你現在還是學生，你長大後要用的科技現在還沒發明出來。所以，你最需要熟練的不是特定科技，而是要熟練科技運用的通用法則。」這裡指的通用法則就是思考架構。

　　在商業世界中，其實有許多前人留下的思考架構可以使用，就好像我們學數學會學到各種不同的數學公式一樣，重點在於，了解哪些公式可以運用在哪些題型上。套用在商業環境當中，就是了解哪些思考架構可以運用在哪些商業情境中。如果我們開始學會套用，就能省下很多摸索的時間，能夠更有效率的解決問題。

　　將自己的經驗、遇到的問題、領域相關知識與事實、自己的意見或設想之類的資料收集起來，並利用其相互關係與邏輯進行歸類與連結，以便從複雜的現象中整理

出思路、抓住問題、找出解決步驟的方法，我把它叫做
「Framework Thinking Method」，也就是系統性思考法、
架構性思考法，或是思考架構。

　　這裡我想要跟讀者說明三個我自己如何從零開始建立
自己的思考架構，這個方法很簡單，我相信你一定學得
會。

建立思考架構的起點

　　建議讀者從兩件事開始，第一件事就是將自己的經驗
進行分享，第二件事就是將自己做這件事的方法步驟與過
程記錄下來，為什麼要從這兩件事開始呢？

　　將自己的經驗在團隊面前分享，可以幫助自己回顧這
個經驗與事件的過程，而且為了進行分享，你會將經驗與
事件的過程按照順序釐清與說明，而這個順序就是思考架
構的起點。

　　又或者你可以將處理這件事的方法步驟與過程記錄下
來，記錄的過程通常包含這個事件的來龍去脈、你如何處
理這件事情的前因後果，以及你採取的方法與步驟，而這
個方法與步驟就是思考架構的起點。

思考架構案例一：三分鐘內介紹一本書

　　我認為要在三分鐘內介紹一本書，必須掌握三個關鍵技巧，簡單說就是：一種人、一個架構、一個運用。

◆ **第一個關鍵技巧**：一句話告訴聽眾，這本書適合誰看簡稱「一種人」。例如：

　　《圖解創意6×10妙方》，我的一句話就是，這本書適合給「想直接找答案的人」。

　　《不懂這些，別想加薪》，則是「強化本職學能的上班族」。

　　《五個技巧，簡單學創新》，則是「想學創新技巧的人」。

　　《科特勒談創新型組織》，則是「想推動創新的中高階主管」。

　　《企業達爾文》，則是「高科技產業的創業者與產品與行銷人士」。

　　《豐田創意學》，則是「了解成功案例與真實執行細節的管理者」。

◆ **第二個關鍵技巧**：一段話告訴聽眾這本書的核心架構，

X計畫
打造人生黃金交叉線的轉機與關鍵

甚至以案例輔助說明這本書如何運用；簡稱「一個架構」。例如：

《圖解創意6×10妙方》，我的一段話就是：

沒有理論，直接提供思考架構，整理職場上最常碰到的六大情境各有十個妙方思考創意。核心架構是同樣問題、同樣觀點、同樣結果，如果我們要改變結果，則需要改變問題或改變觀點。

我們以提高客戶滿意度為例，

如果改問題：如何讓客戶更熱愛我們公司。

如果改觀點：從商業角度來看（鎖定目標客戶），從產品設計角度來看（如何用起來更方便更有趣）。

《不懂這些，別想加薪》，我的一段話就是：

上班族透過七周的時間練習二十四堂課，每周不同主題，分別是思考力、溝通力、專案力、會議力、成長力、行銷力、升職力，每堂課都直接提供方法工具與表格可以有效掌握練習時間。

例如：第一周有四種思考力，邏輯思考、創意思考、問題分析思考、商業思考。最關鍵是讓我們左右腦開弓；左腦負責邏輯思考，凡事練習三點式表達法。右腦負責創意思

考，凡事練習創意九式。

以客戶排隊為例：

加：手機簡訊通知。

減：取消排隊，採預約制。

乘：號碼牌變成大螢幕顯示。

除：發號碼牌變成自取。

等於：借用遊戲機的概念，讓排隊增加樂趣。

《五個技巧，簡單學創新》，我的一段話就是：

創新DNA的模式是：勇氣→行為→綜合聯想→創新事業構想四種行為（疑問，觀察，社交，實驗）加上綜合的聯想思考，總共是五個技巧。

例如如何進行聯想，書中提到四種運用：

強迫聯想：雜誌隨手翻。

扮演別家公司：五百大企業隨機挑選思考如何共創新價值。

類比：如果我的產品與XBOX、PS4等遊戲機結合會如何。

建立百寶箱：平時搜集各種奇特有趣的東西。

X計畫
打造人生黃金交叉線的轉機與關鍵

三分鐘介紹書的關鍵技巧

關鍵技巧	說明	範例
第一個關鍵技巧	一句話告訴聽眾，這本書適合誰看。 簡稱「一種人」	《不懂這些，別想加薪》，是「強化本職學能的上班族」。
第二個關鍵技巧	一段話告訴聽眾，這本書的核心架構，甚至以案例輔助說明，這本書如何運用。 簡稱「一個架構」	《不懂這些，別想加薪》，我的一段話就是： 「上班族透過七周的時間練習24堂課，每周不同主題，分別是思考力、溝通力、專案力、會議力、成長力、行銷力、升職力，每堂課都直接提供方法工具與表格可以有效掌握練習時間。 例如：第一周有四種思考力，邏輯思考、創意思考、問題分析思考、商業思考。最關鍵是讓我們左右腦開弓。 左腦負責邏輯思考，凡事練習三點式表達法。 右腦負責創意思考，凡事練習創意九式。
第三個關鍵技巧	拋一個問題請聽眾思考，或是拋個小練習請聽眾試著做做看以運用書中的內容。 簡稱「一個運用」	《不懂這些，別想加薪》，我拋的練習就是「練習凡事說三點的左腦練習，或是創意九式的右腦練習」。

◆ **第三個關鍵技巧**：拋一個問題請聽眾思考，或是拋個小
練習請聽眾試著做做看以運用書中的內容；簡稱「一個
運用」。例如：

　　《圖解創意6×10妙方》，我拋的練習就是「刻意把兩
個不相關的東西連結起來解決目前的問題」。

　　《不懂這些，別想加薪》，我拋的練習就是「練習凡事
說三點的左腦練習，或是創意九式的右腦練習」。

　　《五個技巧，簡單學創新》，我拋的練習就是「隨手翻
身邊的一本雜誌的其中一頁進行強迫聯想」。

　　這三個關鍵技巧：「一種人、一個架構、一個運
用」，要在三分鐘內介紹一本書，不會太難，我相信你也
做得到。

思考架構案例二：
主持人訪問來賓的思考結構

　　二〇一六年九月十二日，我第一次坐上廣播節目主持
人的位置，開始每周二晚上七點到八點在環宇廣播電台
FM96.7主持《功夫Fighting》節目，邀請在職場與事業
上有理念、有創意的人，談談他們如何突破困境，用不一

樣的方法解決人生與職場難題的故事。

　　一開始，我就進行思考架構的設計，如果我可以把「主持人訪談來賓的引導過程」變成「公式」，就可以將廣播訪談過程做到「模組化」與「結構化」，也就是建立自己的思考架構。當方向確定之後，我便開始思考，這個思考架構應該是什麼？

　　先從目的著手，這個思考架構應該要具備三個功能：

　　第一，它應該是「引導來賓順利說出自己人生故事」的問句集，可以讓訪談來賓快速進入一小時訪談的情境。

　　第二，它應該要能「順著節目三個段落進行，具有起承轉合」，可以在整個訪談過程中控制節奏。

　　第三，它應該要「讓來賓一目了然，先見林再見樹」，可以在一小時的訪談過程中，快速幫助聽眾與來賓整理重點回顧。

　　於是我把思考架構設計成三張字卡，當訪談來賓就定位坐好之後，我立即花一分鐘讓訪談來賓了解這三張字卡，並跟來賓說：「你盡情說出故事，我會把字卡放在你面前，如果不曉得要講什麼，你可以迅速看這張字卡來提示你要接什麼話題，我也會問問題引導你，不用擔心。」

　　好幾位訪談來賓一開始進錄音室前都會說：「我很緊張耶！」經過我設計的字卡的引導，訪談來賓錄完後都會

說：「結束了喔，好順利喔，時間過好快喔！」足以證明這三張字卡所發揮的效果。

好吧！來看看我怎麼設計這三張字卡。

第一張字卡：理念卡

設計給錄音開場，我把它叫做「理念卡」，目的是讓訪談來賓可以「開始」找到切入點說故事，每個人做一件事都會有一個初衷或理念。這張卡的重點是「開始」找到切入點，如果訪談來賓找到切入點之後，一切的訪談就會比較順利進行。

第二張字卡：突破卡

設計給錄音的中場也就是故事的主體，我把它叫做「突破卡」，目的是讓訪談來賓可以「深入」談談故事中的人事物。

一件事要成功，中間一定有很多困難，而如何突破困難的方法便是精采之處，主持人一定要引導訪談來賓說出故事中的精采之處，這段精采的故事訪談才會吸引每位聽眾。

第三張字卡：呼籲卡

　　設計給錄音的結尾，我把它叫做「呼籲卡」，目的是讓訪談來賓可以深入淺出的回顧整個訪談的重點，並提出第一段理念的「呼籲」，如此才能前後呼應。

　　這個呼籲與總結最好能夠整理出三點，也就是聽眾聽了整段一小時的廣播之後，能夠得到三點收穫，讓自己做出小改變，訪談來賓的呼籲傳遞到聽眾的耳裡，如此才能產生廣播的影響力。

　　這三張公式卡就是我訪談來賓的「思考架構」。

▌流暢進行訪談的三階段思考架構

三階段 思考架構	目的	說明
第一張字卡： 理念卡	目的是讓訪談來賓可以「開始」找到切入點說故事。	引導來賓順利說出自己人生故事。
第二張字卡： 突破卡	目的是讓訪談來賓可以「深入」談談故事中的人事物。	順著節目三個段落進行，具有起承轉合。
第三張字卡： 呼籲卡	目的是讓訪談來賓可以「深入淺出」的回顧整個訪談的重點。	讓來賓一目了然，先見林再見樹。

思考架構案例三：
IDEA 創新思維的思考架構

六年前我創業成立管理顧問公司，專門在兩岸知名企業教授「創新思維」，許多企業都希望員工除了有高效執行力之外，還能夠有創新思維，跳脫框架站在客戶的角度思考，我發展了一套IDEA的思考架構，學習如何擺脫公司既有的框架，思考「客戶真正需要我們的價值在哪裡？」才能夠真正了解市場與客戶。

說實話，我一開始並不曉得如何設計一個思考架構，我也無法如同整理「跨部門溝通」的思考架構當中，一開始就知道要做哪些事，所以這個時候我轉而從問題著手，從經驗當中整理出我看到的問題，從看到的問題當中嘗試著手整理出一個思考架構。

第一步：找出問題

根據我在職場十五年，歷經產品設計師、產品經理、行銷主管、大客戶銷售的經驗當中，以及在企業培訓六年來超過兩百家企業以及四萬名學員當中，加上對於各行各業希望學習創新思維的調研整理中，發現以下問題：

想不出好點子？

如何從需求中發現商機？

如何快速測試市場的反應？

如何選擇需求發展方向？

如何想出與眾不同的想法？

如何判斷客戶最關鍵的需求？

為什麼想出來的點子都是以前曾經出現過的沒有新意？

如何快速了解客戶對我們新點子的意見？

無法發現客戶的需求？

如何確認客戶是否滿意？

無法了解需求背後的需求？

無法有效了解客戶？

不知道客戶所面臨的問題？

為什麼想出來的點子都大同小異？

如何想出原創性的點子？

第二步：將發現的問題分類

我將問題進行歸類與整理，分成了四大類：

◆ **第一大類、需求類**：無法發現客戶的需求？無法了解需求背後的需求？無法有效了解客戶？不知道客戶面臨的問題？

◆ **第二大類、方向類**：如何從需求中發現商機？如何判斷
　　客戶最關鍵的需求？如何選擇需求發展方向？

◆ **第三大類、創意類**：想不出好點子？為什麼想出來的點
　　子都大同小異？為什麼想出來的點子都是以前曾經出現
　　過的沒有新意？如何想出與眾不同的想法？如何想出原
　　創性的點子？

◆ **第四大類、溝通類**：如何快速測試市場的反應？如何快
　　速了解客戶對我們新點子的意見？如何確認客戶是否滿
　　意？

第三步：將問題轉換成方法

　　我就把這四大類問題整理成一套方法，希望通過一套
系統化的方法學習創新思維，解決大家的問題，這套創新
思維的方法有四個必經階段：

◆ **洞察（Insight）**：通過多元的方式了解使用者（包含訪
　　問、田野調查、體驗、問卷等），蒐集客戶與使用者相
　　關的資料，用同理心觀察與訪談使用者的需求，找出他
　　們所遇到的問題與挑戰。

◆ **定義（Define）**：對問題做更深入的定義，分析投入的
　　策略與方向。

◆ **創造（Evaluate）**：確定策略或方向之後，發展出眾多

的解決方案解決客戶的問題。

◆ **體現（Action）**：通過體驗或簡易模型展現，邀請使用者提供意見，隨時修正，以確認我們解決了客戶的問題。

　　洞察、定義、創造、體現，這四個階段會不斷反覆，直到你真正找出滿足甚至超越使用者需求的解答。好比當你來到最後一階段的體現時，使用者的回饋可能讓你產生新的需求與想法，你隨時可以回到第一階段，修正原先的假設。

　　我把這套創新思維的方法叫做 IDEA，幸運的是，我通過這套方法在過去六年幫助超過兩百家企業以及超過三萬名學員，從對他們的觀察與他們的回饋，這是一套簡單易學的思考架構。

　　思考架構通常是在工作和職場上累積了一段經驗之後所萃取出來的知識系統，在建立人生第二條曲線的時候，更是占了舉足輕重的地位，也幫助我在事業上創造出無可取代的價值，在此鼓勵讀者能夠建立自己的思考架構，不但幫助自己，也可以幫助別人。

原則9單元練習

1 「出席無功，開會只點頭並不會產生價值。」

　　請練習提出你對一件事情的做法與建議，每次開會請主動舉手並提出你對會議主題的意見，或是主動對公司提出改善建議，不要只抱怨問題，而是除了點出問題還要提出改善建議。請列出「5個提案的場合或機會是什麼？如果機會來了，你要針對什麼問題說出自己的什麼意見？」

_____

_____

_____

2 「最好的學習就是自己說一次或教一次。」

　　請練習將自己的經驗轉變成被他人學習的方法與技巧，以線下實體課程或線上文章的方式發表。請列出「5個自己最值得被學習的經驗？並要求自己訂出日期將經驗寫成五篇部落格文章進行發表，並請朋友給出建議。」

---

3 「決定能力高低的不是知識量，而是『思考架構』量。」

　　將自己的經驗，遇到的問題，領域相關知識與事實、自己的意見或設想之類的資料收集起來，並利用其相互關係與邏輯進行歸類與連結，以便從複雜的現象中整理出思路，抓住問題，找出解決步驟的一種方法。我把它叫做「Framework Thinking Method」也就是系統性思考法、架構性思考法，或是思考架構。

　　請以自己真實的經驗，運用「我的X學習」工具中發展出一套「自己的思考架構」。

讓X計畫成為
人生轉捩點

九大原則的綜合練習

　　本書的X計畫分成九個章節，也就是發展人生第二條線的九個原則，這九個原則分別是：

　　原則一：機會連結。

　　原則二：簡單專注。

　　原則三：改變規則。

　　原則四：逆向思考。

　　原則五：人脈合作。

　　原則六：敏銳觀察。

　　原則七：表達影響。

　　原則八：好奇嘗試。

　　原則九：思考邏輯。

X計畫
打造人生黃金交叉線的轉機與關鍵

　　以下我舉自己的親身案例來說明，二○○七年我開始
思考發展企業講師成為人生第二條線的計畫，並於二○
一一年正式創業，成立創新智庫管理顧問公司。你可以通
過這個表格了解我如何思考與發展我的人生第二條線，也
可以幫助你思考如何發展人生第二條線。

原則	「我的X」工具	運用「我的X」工具進行思考
原則一：機會連結	我的X機會	我想發展「企業講師」的機會。
原則二：簡單專注	我的X價值	我對於「如何將複雜的東西講得很簡單很有系統」這件事有很強的能力。
原則三：改變規則	我的X改變	我要改變課程從單向授課變成雙向互動與實作，所以我要設計成工作坊，在課程中解決企業真實的問題。
原則四：逆向思考	我的X逆向思考	大部分企業講師都是在講別人的知名理論，我想反其道而行，我要發展我自己的創新理論、自己的創新訓練系統並申請專利。
原則五：人脈合作	我的X人脈	我要找一家最了解我與最重視我的顧問公司進行獨家合作才能互相全力投入。
原則六：敏銳觀察	我的X挑戰	我要挑戰「課程結束，就能產出創新方案」所以需要與客戶以及夥伴三方密切合作。

原則	「我的Ｘ」工具	運用「我的Ｘ」工具進行思考
原則七： 表達影響	我的Ｘ影響力	我要成為創新領域的意見領袖，所以我必須勤於寫部落格發表文章、寫專欄並出書。
原則八： 好奇嘗試	我的Ｘ興趣	我對於產品設計以及玩具非常有興趣，所以我要把我的課程結合我的興趣，設計出非常精美又實用的教具，可以讓學員在玩中學習。
原則九： 思考邏輯	我的Ｘ學習	我發展出我的「IDEA創新思考」以及「創意九式」的思考架構。

從問題思考人生成長發展地圖

　　光身陷於每天的工作，你可能就已經一個頭、兩個大，到底該怎麼做，才可以好好傾聽自己內心的渴望，找到自己最喜歡的那件事，尋找未來的方向？

　　最好的方法就是定期「和自己開一場會」，我將本書九個原則轉換成自我對話的討論問句，可以幫助讀者思考人生每一個關鍵點。

　　不過，以下九個問題的答案並不是重點，你的未來更沒有標準答案，沒有是非對錯，更沒有適合所有人的選項，而是當你每個月都試著用這些問題自我對話、自我提問，察覺自己內心的想法，你的未來輪廓就會慢慢浮現。

X計畫
打造人生黃金交叉線的轉機與關鍵

問題一：我的機會在哪裡？

問題二：如何找到並發揮我的天賦？

問題三：我要如何改變現狀？

問題四：我要如何與眾不同？

問題五：誰是我的關鍵人脈？

問題六：我需要學習哪些東西？

問題七：我是誰？我想說什麼故事？

問題八：什麼會讓我樂此不疲並心甘情願投入？

問題九：我的想法與觀點是什麼？

　　從這個人生成長常見的問題所產生的自我對話，我設計了一張「人生成長發展地圖」與一張「人生成長發展九宮格」附贈在本書中，可以幫助讀者從九個常見問題出發，透過跟自己的十八個對話，再搭配人生成長的九個設計工具，相信可以高效實現你的人生進階與轉型。

國家圖書館出版品預行編目（CIP）資料

X計畫：打造人生黃金交叉線的轉機與關鍵／
劉恭甫著
— 初版. — 臺北市：商周出版：家庭傳媒城邦
分公司發行, 民107. 01
　　　面；　　公分 —（新商業周刊叢書；657）
ISBN 978-986-477-378-7（平裝）
1. 職場成功法

494.35　　　　　　　　　　　　106023346

新商業周刊叢書 BW0657

X計畫
打造人生黃金交叉線的轉機與關鍵

作　　　者／劉恭甫
責 任 編 輯／張曉蕊
特 約 編 輯／陳怡君
校　　　對／魏秋綢
版　　　權／黃淑敏、翁靜如
行 銷 業 務／石一志、莊英傑、周佑潔

總 編 輯／陳美靜
總 經 理／彭之琬
發 行 人／何飛鵬
法 律 顧 問／台英國際商務法律事務所
出　　　版／商周出版
台北市中山區民生東路二段141號9樓
電話：（02）2500-7008　　傳真：（02）2500-7759
E-mail：bwp. service@cite. com. tw
發　　　行／英屬蓋曼群島商家庭傳媒股份有限公司　城邦分公司
台北市中山區民生東路二段141號2樓
電話：（02）2500-0888　　傳真：（02）2500-1938
讀者服務專線：0800-020-299　　24小時傳真服務：（02）2517-0999
讀者服務信箱：service@readingclub. com. tw
畫撥帳號：19833503
戶名：英屬蓋曼群島商家庭傳媒股份有限公司　城邦分公司
香港發行所／城邦（香港）出版集團有限公司
香港灣仔駱克道193號東超商業中心1樓
電話：（852）2508-6231　　傳真：（852）2578-9337
E-mail：hkcite@biznetvigator. com
馬新發行所／城邦（馬新）出版集團
Cite （M） Sdn Bhd
41, Jalan Radin Anum, Bandar Baru Sri Petaling,
57000 Kuala Lumpur, Malaysia.
電話：（603）9057-8822　　傳真：（603）9057-6622
E-mail：cite@cite. com. my

封 面 設 計／黃聖文
內文設計排版／黃淑華
印　　　刷／鴻霖印刷傳媒股份有限公司
總 經 銷／聯合發行股份有限公司
電話：（02）2917-8022　　傳真：（02）2911-0053
地址：新北市231新店區寶橋路235巷6弄6號2樓

■ 2018年（民107）1月初版
ISBN 978-986-477-378-7

Printed in Taiwan

城邦讀書花園
www.cite.com.tw

定價350元

廣　告　回　函
北區郵政管理登記證
台北廣字第000791號
郵資已付，免貼郵票

104台北市民生東路二段141號2樓

英屬蓋曼群島商家庭傳媒股份有限公司　城邦分公司

請沿虛線對摺，謝謝！

| 書號： | BW0657 | 書名：X計畫 | 編碼： |

 商周出版

讀者回函卡

謝謝您購買我們出版的書籍！請費心填寫此回函卡，我們將不定期寄上城邦集團最新的出版訊息。

姓名：_____ 性別：□男 □女

生日：西元_____年_____月_____日

地址：_____

聯絡電話：_____ 傳真：_____

E-mail：_____

學歷：□1.小學 □2.國中 □3.高中 □4.大專 □5.研究所以上

職業：□1.學生 □2.軍公教 □3.服務 □4.金融 □5.製造 □6.資訊

□7.傳播 □8.自由業 □9.農漁牧 □10.家管 □11.退休

□12.其他_____

您從何種方式得知本書消息？

□1.書店 □2.網路 □3.報紙 □4.雜誌 □5.廣播 □6.電視

□7.親友推薦 □8.其他_____

您通常以何種方式購書？

□1.書店 □2.網路 □3.傳真訂購 □4.郵局劃撥 □5.其他

您喜歡閱讀哪些類別的書籍？

□1.財經商業 □2.自然科學 □3.歷史 □4.法律 □5.文學

□6.休閒旅遊 □7.小說 □8.人物傳記 □9.生活、勵志 □10.其他

對我們的建議：_____

_____

_____

_____